中华精神家园

自然遗产

植物王国

国家保护的野生植物

肖东发 主编　韩会凡 编著

中国出版集团

现代出版社

图书在版编目（CIP）数据

植物王国：国家保护的野生植物 / 韩会凡编著. —北京：现代出版社，2014.5（2019.1重印）
ISBN 978-7-5143-2356-6

Ⅰ.①植… Ⅱ.①韩… Ⅲ.①野生植物－介绍－中国 Ⅳ.①Q948.52

中国版本图书馆CIP数据核字(2014)第057097号

植物王国：国家保护的野生植物

主　　编：	肖东发
作　　者：	韩会凡
责任编辑：	王敬一
出版发行：	现代出版社
通信地址：	北京市定安门外安华里504号
邮政编码：	100011
电　　话：	010-64267325　64245264（传真）
网　　址：	www.1980xd.com
电子邮箱：	xiandai@cnpitc.com.cn
印　　刷：	三河市华晨印务有限公司
开　　本：	710mm×1000mm　1/16
印　　张：	9.75
版　　次：	2015年4月第1版　2021年3月第4次印刷
书　　号：	ISBN 978-7-5143-2356-6
定　　价：	29.80元

版权所有，翻印必究；未经许可，不得转载

序言 | 植物王国

党的十八大报告指出:"文化是民族的血脉,是人民的精神家园。全面建成小康社会,实现中华民族伟大复兴,必须推动社会主义文化大发展大繁荣,兴起社会主义文化建设新高潮,提高国家文化软实力,发挥文化引领风尚、教育人民、服务社会、推动发展的作用。"

我国经过改革开放的历程,推进了民族振兴、国家富强、人民幸福的中国梦,推进了伟大复兴的历史进程。文化是立国之根,实现中国梦也是我国文化实现伟大复兴的过程,并最终体现为文化的发展繁荣。习近平指出,博大精深的中国优秀传统文化是我们在世界文化激荡中站稳脚跟的根基。中华文化源远流长,积淀着中华民族最深层的精神追求,代表着中华民族独特的精神标识,为中华民族生生不息、发展壮大提供了丰厚滋养。我们要认识中华文化的独特创造、价值理念、鲜明特色,增强文化自信和价值自信。

如今,我们正处在改革开放攻坚和经济发展的转型时期,面对世界各国形形色色的文化现象,面对各种眼花缭乱的现代传媒,我们要坚持文化自信,古为今用、洋为中用、推陈出新,有鉴别地加以对待,有扬弃地予以继承,传承和升华中华优秀传统文化,发展中国特色社会主义文化,增强国家文化软实力。

浩浩历史长河,熊熊文明薪火,中华文化源远流长,滚滚黄河、滔滔长江,是最直接的源头,这两大文化浪涛经过千百年冲刷洗礼和不断交流、融合以及沉淀,最终形成了求同存异、兼收并蓄的辉煌灿烂的中华文明,也是世界上唯一绵延不绝而从没中断的古老文化,并始终充满了生机与活力。

中华文化曾是东方文化摇篮,也是推动世界文明不断前行的动力之一。早在500年前,中华文化的四大发明催生了欧洲文艺复兴运动和地理大发现。中国四大发明先后传到西方,对于促进西方工业社会的形成和发展,曾起到了重要作用。

中华文化的力量，已经深深熔铸到我们的生命力、创造力和凝聚力中，是我们民族的基因。中华民族的精神，也已深深植根于绵延数千年的优秀文化传统之中，是我们的精神家园。

总之，中华文化博大精深，是中国各族人民五千年来创造、传承下来的物质文明和精神文明的总和，其内容包罗万象，浩若星汉，具有很强的文化纵深，蕴含丰富宝藏。我们要实现中华文化伟大复兴，首先要站在传统文化前沿，薪火相传，一脉相承，弘扬和发展五千年来优秀的、光明的、先进的、科学的、文明的和自豪的文化现象，融合古今中外一切文化精华，构建具有中国特色的现代民族文化，向世界和未来展示中华民族的文化力量、文化价值、文化形态与文化风采。

为此，在有关专家指导下，我们收集整理了大量古今资料和最新研究成果，特别编撰了本套大型书系。主要包括独具特色的语言文字、浩如烟海的文化典籍、名扬世界的科技工艺、异彩纷呈的文学艺术、充满智慧的中国哲学、完备而深刻的伦理道德、古风古韵的建筑遗存、深具内涵的自然名胜、悠久传承的历史文明，还有各具特色又相互交融的地域文化和民族文化等，充分显示了中华民族的厚重文化底蕴和强大民族凝聚力，具有极强的系统性、广博性和规模性。

本套书系的特点是全景展现，纵横捭阖，内容采取讲故事的方式进行叙述，语言通俗，明白晓畅，图文并茂，形象直观，古风古韵，格调高雅，具有很强的可读性、欣赏性、知识性和延伸性，能够让广大读者全面接触和感受中国文化的丰富内涵，增强中华儿女民族自尊心和文化自豪感，并能很好继承和弘扬中国文化，创造未来中国特色的先进民族文化。

2014年4月18日

目录 植物王国

活的化石——裸子植物

美人松——长白松 002

柏树之王——巨柏 010

东方圣者——银杏 017

植物国宝——水杉 027

活化石——百山祖冷杉 033

参天金松——金钱松 039

铁之树——苏铁属 045

高级进化——被子植物

056 第一梅——银缕梅

061 茶族皇后——金花茶

067 金玉之花——玉叶金花

071 传奇神药——人参

078 一根草——独叶草

鸽子树——珙桐 084

雨林巨人——望天树 091

高档之材——楠木 095

相思树——红豆树 103

上关花——古木莲 115

119 报恩花——宝华玉兰

125 小花木兰——天女木兰

131 寿星树——香榧树

141 苦口良药——云南黄连

活的化石 裸子植物

裸子植物是指植物的种子外没有果皮包被而裸露在外的植物。它最初出现在古生代,故被称为"植物活化石"。

我国是裸子植物最多的国家,共有250多种,隶属34个属、10个科。裸子植物具有种类繁多、起源古老、多子遗成分以及多针叶林类型等特点。

近来我国裸子植物受到了不同程度的威胁,引起有关部门的高度重视,先后有40种、4类裸子植物被列为国家重点保护野生植物,并建立了自然保护区和一系列科学研究单位,使一大批珍稀濒危的裸子植物得到了保护。

美人松——长白松

传说从前长白山下有一位张老头,他收养了一个孤儿,起名松女,父女俩相依为命,艰难度日。松女19岁那年,从黑熊掌中救出了一个叫袁阳的小伙子,从此两人相爱了。

■公园里的美人松

但是，山盗一直想霸占松女，先后害死了松女的爷爷和松女挚爱着的袁阳。满腔仇恨和痛苦的松女在深山里和山盗们展开了一场生死搏斗，机智的松女终于战胜了山盗。

松女也已遍体鳞伤，她爬到自己家乡的白河岸边，便咽下了最后一口气。

悲伤的乡亲们就把松女葬在了白河边，说来也奇怪，后来就在安葬松女的地方长出了许多长白松，因为它秀美颀长、婀娜多姿，像一个个亭亭玉立、浓妆淡抹的美女，人们叫它"美人松"。

■ 美人松高耸入云

还有一个传说，说是在很久以前，有一个黑风妖，霸占了白河这块风光如画的宝地。黎民百姓惨遭蹂躏，鸟兽横遭灾殃。

长白山的山神之女，就是美丽勇敢的绿珠姑娘，她为了拯救众生，挺身而出，挥舞寒冰剑与妖怪在长白山大战了几百回合。一时间山摇地动，雷鸣电闪，飞沙走石，日月无光，只见一团团白光在黑风狂沙中滚动。

战斗了三天三夜，绿珠姑娘终于用寒冰剑重创了妖怪，并把它压在长白山上的绝壁之下，用镇妖石镇住了。这个地方就是后来长白山的黑风口。

长白山 曾经称"不咸山""徒太山""太白山"，系多次火山喷发而成，是我国东北第一高峰，号称"东北屋脊"，位于吉林省境内。整个山由粗面岩组成，夏季白岩裸露，冬季白雪皑皑，终年常白。

■ 美人松

在这里，后来还能听到黑风妖呜呜的吼叫声，简直令人不寒而栗。在白河地面，妖孽所吐的黑土厚有数米，绵延了几万平方米。

绿珠姑娘降住了妖孽，但是她的左肩也被抓出了5个血洞。她的一滴滴鲜血滴落到地面，后来就化成了一棵棵像绿珠姑娘一般美丽、挺拔的美人松。

绿珠姑娘的伤好后，她被玉帝召到了天庭，专管人间的森林和花草。她每年都要在春暖花开的季节到白河边巡护一次，为美人松喷洒甘露，梳妆打扮，并不辞辛劳地装饰着白河大地，呵护着善良人们的幸福平安。

长白松属于长绿乔木，一般高25米至30米，直径0.25米至0.4米。树皮下部呈淡黄褐色或暗灰褐色，深龟裂，裂成不规则的长方形鳞片。树皮中上部呈淡褐黄色或金黄色，裂成薄鳞片状，鳞片剥离并微反曲。

长白松的树冠呈椭圆形、扁卵状三角形或伞形等。针叶两针束，叶长4厘米至9厘米，粗硬，稍扭曲。叶宽1毫米至1.2毫米，边缘有细锯齿，两面有气孔线，树脂道4个至8个，边生，稀1个至2个中生，基部有宿存的叶鞘。

长白松的冬芽呈卵圆形，有树脂，芽鳞红褐

玉帝 亦称玉皇大帝，全称"昊天金阙无上至尊自然妙有弥罗至真玉皇上帝"，又称"昊天通明宫玉皇大帝""玄穹高上玉皇大帝"，居住在玉清宫。道教认为玉皇为众神之王，在道教神阶中修为境界不是最高，但是神权最大。玉皇上帝除统领天、地、人三界神灵之外，还管理宇宙万物的兴隆衰败、吉凶祸福。

色。一年生枝浅褐绿色或淡黄褐色，无毛，3年生枝灰褐色。

长白松的雌球花呈暗紫红色，幼果淡褐色，有梗，下垂。花期5月下旬至6月上旬，球果在第二年8月中旬成熟，结实间隔期三五年。

长白松球果锥状卵圆形，长四五厘米，直径3厘米至4.5厘米，成熟时淡褐灰色；鳞盾多少隆起，鳞脐突起，具短刺；种子长卵圆形或倒卵圆形，微扁，灰褐色至灰黑色，种翅有关节，长1.5厘米至2厘米。

长白松分布地区的气候温凉，湿度较大，积雪时间长。年平均温4.4摄氏度，年降水量600毫米至1340毫米。长白松适合生存在火山灰土上的山地，一般是暗棕色森林土及山地棕色针叶森林土，这样腐殖质含量少，保水性能低而透水性能强。

长白松为阳性树种，根系深长，可耐一定干旱，在海拔较低的地带常组成小块纯林，在海拔1.3千米以上常与红松、红皮云杉、长白鱼鳞云杉、臭冷杉、黄花落叶松等树种组成混交林。

长白松天然分布区域很狭窄，只存在于吉林省安图的长白山北坡，在海拔700米至1600米的二道白河与三道白河沿岸的狭长地段，存在着小片纯林及散生林木。

> **树脂** 一般认为是植物组织的正常代谢产物或分泌物，常和挥发油并存于植物的分泌细胞，树脂道或导管中，尤其是多年生木本植物心材部位的导管中。由多种成分组成的混合物，通常为无定型固体，表面微有光泽，质硬而脆，少数为半固体。不溶于水，也不吸水膨胀。凝固后可以用于燃烧。

■ 笔直的树干

■ 美人松树林

臭冷杉 乔木。树干通直，高达30米，胸径达0.5米；幼树树皮通常平滑，灰白色，具浅纹，常有多数明显的树脂瘤，老时呈灰色，长条状块裂或不规则鳞片状裂，具较明显的树脂瘤。主要分布于华北、东北各地，喜欢生长于海拔一两千米的寒湿山地阴坡棕壤土上。

在长白山区，拥有茂密的森林，众多的温泉、瀑布、山花、天池、奇峰巨石，这里历史上火山活动频繁，土壤含有丰富矿物质，非常肥沃。再加上这里雨量充沛，是野生动植物生活的"天堂"。

长白山最丰富、最宝贵的生态资源便是那一拂苍翠、万顷碧波的大森林，同时又是长白山万物生灵得以滋润生息的无尽之源。装点长白山景致的，就是那四季常青、碧海绿涛的针叶植被。

在长白山海拔较高地带，展现出独特的自然景观，这就是红松阔叶混交林。在这茂密的红松阔叶混交林带的下部生长着许多珍稀的植物，其中著名的"长白松"就是其中之一。

长白松零星或成片地高耸于混交林中，它的主干高大，挺拔笔直，下部枝条早期就脱落了，侧生枝条全都集中在树干的顶部，形成了绮丽、开阔、优美的树冠。而那些左右伸出的修长枝条既苍劲又妩媚，在微风吹拂之下，轻轻摇曳，仿佛在向人招手致意。

长白松的枝干也特别美丽，它的上部金黄色，下部棕黄色，如果在严冬大雪纷飞之后，映衬着白雪皑皑的大地，红装素裹，别有一番风趣，因此当地人给它起了一个动人的名字，那就是"美人松"。

美人松在莽莽林海中显得亭亭玉立，多姿多彩。美人松一群群、一片片散落在二道白河两侧，如同一个个身材秀逸的窈窕淑女，展臂伸肢，翩翩起舞。它

二道白河 地处长白山脚下，境内森林密布。整个地域呈东南向西北走向的狭长条形，气候冬季寒冷，夏季凉爽，特别适合红松、白桦等耐寒植物的生长。另外，区内有红松、长白落叶松、柞木、水曲柳、核桃楸等树木。

■ 美人松苗木林

> **樟子松** 又名海拉尔松、蒙古赤松、西伯利亚松、黑河赤松，为松科大乔木，是我国三北地区主要优良造林树种之一。树干通直，生长迅速，适应性强。嗜阳光，喜酸性土壤。大兴安岭林区和呼伦贝尔草原固定沙丘上有樟子松天然林。主要分布在我国的黑龙江、吉林、辽宁北部以及内蒙古、甘肃等地。

就像泰山顶上的迎客松，迎风招展，欢迎天下朋友。

人们对美人松的说法不一，有的认为它火暴，树身青筋暴骨，像开裂一般，而且呈紫红色，就像一幅人体素描一样。人们就喜欢这种火暴的性格，无遮无掩，向人间袒露着一片真诚，深得人们喜爱。

长白松生长在我国的长白山区，它的发现曾引起植物学界的极大震动。根据它的叶、花、果实和树皮，有的专家认为它最像樟子松，是樟子松的变种，有的认为它最像欧洲赤松。

经过研究，普遍认为长白松是欧洲赤松在我国分布的一个地理变种。

后来，"美人松"被正式命名为"长白松"，它便跻身于我国珍稀植物的行列之中。它的发现不仅给长白山特有的植物家族增添了一名优秀的成员，而且对研究这一地区的植物区系提供了一份"活资料"。

长白松属于渐危物种，由于未严加保护，在二道白河沿岸生长的小片纯林，逐年遭到破坏，分布区域日益减少。

为此，有关部门在长白松分布地区划分了保护区，并把长白松列为重点保护

挺拔的美人松

树种，加强天然更新，提高母树结实率，采取采种、育苗，扩大其造林面积。在哈尔滨、白城、沈阳等地，都进行了引种栽培，长势非常良好。

保护区内的美人松

在高龄长白松主要分布的长白山等国家公园处，对每一棵长白松进行了档案登记和专门管理。各种基础设施、游乐设施都以保护树木为首位，不准借用各种名义进行损坏，明确违反者要承担相应的法律责任。

对保护区的幼树加强了保护。在保护区以外大力发展种植幼树，同时规定成材大树不得随意砍伐，为长白松的生长营造了良好的环境。

阅读链接

传说在从前，有一条恶龙霸占了长白山，天池的水不能流出来灌溉良田，人们受尽了干旱的折磨。

有一个木匠不怕恶龙淫威，他拿着斧子跳入天池，和恶龙展开了搏斗，木匠的妻子抱着水罐在山上等候。

经过三天三夜的搏斗，恶龙被木匠砍下了头，天池水又重新流了出来，人们终于得救了，可是木匠再也没有力气上岸了。

木匠年轻美丽的妻子不相信自己的亲人会死去，她一直守候在山头，期待着丈夫归来。天长日久，她渐渐变成了一棵美丽的松树，人们就叫它长白松。

柏树之王——巨柏

相传，在雅鲁藏布江北岸的扎玛山麓修建西藏第一座寺庙桑耶寺时，木料需要从贡布地区运送到这里，但那时由于没有山路，运送木料的人需要经过千山万水才能将木料运送到桑耶寺。在这种恶劣情况下，造成了很多人员伤亡。

■巨柏林区

一位菩萨实在不忍心了，于是用法术将自己变成了乌鸦。它站在藏东与山南的分界线上，也就是加查山上，对那些运送木料的人说："桑耶寺已经竣工了，不再需要运送木料了。"

运送木料的人们就高兴地把大量木料丢在了岸边，纷纷跑回家去了。这些木料就地生根发芽，后来就变成了一棵棵整齐的巨柏。

好心的乌鸦因为说了谎，后来就变成了江边的乌鸦石，从加查到山南方向的乌鸦也都变成了哑巴，以后不能到加查山那一边的地方去了，只能世世代代在加查山的这边生活，这也就是加查山的那一边没有乌鸦的原因。

关于巨柏，在西藏还流传着另外一个传说。说是在1000多年前，在西藏的贡布地区，出了个名叫登巴玛丹·桑珠的人。他多才多艺，创作了许多有名的贡布民歌以及箭歌、箭舞，还亲手制成了西藏第一把六弦琴，创作了一套六弦歌曲。

那规模宏大的贡布"恰巴波"，传说也是他编导的。登巴玛丹·桑珠决心把他创作的歌曲传遍全藏，临行前，他在八集栽下了这棵柏树。他还说："我如

■ 矗立在河岸边的巨柏

桑耶寺 又名存想寺、无边寺，位于雅鲁藏布江北岸的哈布山下。它始建于8世纪吐蕃王朝时期，是西藏第一座剃度僧人出家的寺院。寺内建筑按佛教的宇宙观进行布局，中心佛殿兼具藏族、汉族、印度3种风格，因此桑耶寺也被称作"三样寺"。

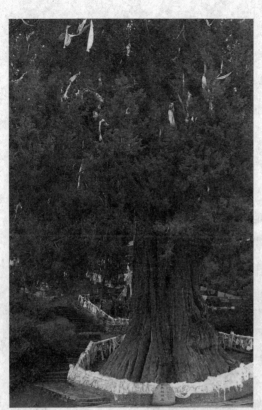

■ 林芝世界柏树王

果回不来了,你们每隔12年就在这棵树下演出一次我所编创的歌舞。"

说完,他带着50名精壮的小伙子,骑着马、背着箭出发了。

他们来到加查,加查领主不让通过,关住了前后山门。登巴玛丹·桑珠和加查领主打了一仗,终因人少势单,失败了。他射出一支石头箭,从加查直射到贡布。至今,这一带山还留有石箭射过的痕迹。

他的箭上拴了一封信,说他再也不能回去了。贡布老百姓痛哭流涕,一齐聚到柏树下悼念。

人们看到登巴玛丹·桑珠亲手栽的柏树,就好像又看到了他。人们更加珍爱这棵柏树,精心地灌溉它,经过千百年的风风雨雨,它竟长成了参天大树。每隔12年,在柏树下,人们跳"恰巴波",唱"箭歌",七天七夜也不肯散去。

后来,在惊涛拍岸的雅鲁藏布江两岸,一棵棵巨大的柏树像两列挺拔的卫兵一样,整齐庄严。它们形态各异,1000棵树就有1000种姿态,或弯或直,或倾或卧。每一棵树都能让人们看出它经历沧桑,却依然

箭歌 源于西藏林芝地区特有的一种民间习俗。当地人善于狩猎,喜爱比武射箭。射手在拉弓之前,要当众高歌一曲,夸耀自己的弓箭及箭术,流露出勇敢强悍的民族豪情。箭歌因此而得名,并流传西藏各地。旋律清新流畅,林区风格浓郁,结构完整,节奏一般为中板。

静静地站在这里,聆听着滔滔江水,诉说着传奇的故事。

巨柏属于柏科常绿大乔木,是松杉目中数量最多的一科。巨柏一般高25米至45米,胸径达1米至3米,最高的巨柏达6米。树皮呈条状纵裂,树枝生有鳞状的叶,排列紧密且呈四棱形,外面常被有一层蜡粉。

巨柏的叶对生或轮生,呈鳞片状而下延,稀线形。末端的小枝粗约2毫米,三四年生的枝呈淡紫褐色或灰紫褐色,叶鳞形,交叉对生,紧密排成4列,背有纵脊或微钝,近基部有一个圆形的腺点。

巨柏的球花较小,单性同株或异株,顶生或腋生。雄球花有3对至8对交互对生的雄蕊,每个雄蕊有2至6花药,花粉无气囊。雌球花由3枚至16枚交叉对生或三四枚轮生的珠鳞组成,每珠鳞生有胚珠,苞鳞与珠鳞合生。

巨柏的球果单生于侧枝顶端,于第二年成熟。球果呈矩圆状球形、卵圆形或长圆形,外面有一层白粉,长1.6厘米至2厘米,直径1.3厘米至1.6厘米。球果九十月成熟,成熟时,珠鳞发育为种鳞。

■ 胸径宽大的巨柏

■ 巨柏

松柏文化 古往今来，不知有多少志士文人，歌以赞松，诗以咏松。赞松之庄重肃穆、傲骨峥嵘；咏松之历寒不衰，四季常青。我国人民自古以来就爱松、敬松，并把松、竹、梅誉为"岁寒三友"，对松树怀有一种特殊感情，艰难时松使人顽强，顺利时松使人振奋。柏树斗寒傲雪、坚毅挺拔，乃百木之长，也为正气、高尚、长寿、不朽的象征。

种鳞有6对，交互对生，木质或革质，盾形，露在外面的部分很平，常呈五角形或六角形。球果上部的种鳞呈四角形，中央有明显而凸起的尖头，能繁育种鳞。种鳞成熟时开裂，有时呈浆果状，不开裂。每种鳞内面基部有种子。种子呈扁平褐色，两侧具窄翅。子叶2枚，稀数枚。

在我国西藏朗县米林到尼洋河中下游一带的河谷中，常分布有零星的柏树，塔形的树冠以及挺拔的树干十分惹眼，这就是这里特有的古树巨柏，也称为"雅鲁藏布江柏树"。

巨柏分布区域地处印度洋潮湿季风沿雅鲁藏布江河谷西进的路径，年平均气温8.4摄氏度，年降水量不足500毫米。

巨柏适于干旱多风的高原河谷环境，长在中性偏碱的沙质土地，常在海拔3000米至3400米的沿江阳坡、谷地开阔的半阳坡及干旱的阴坡组成稀疏的纯林，或在江边成行生长，具有抗寒、抗强风的特性。

巨柏是我国珍稀、特有树种之一，是我国柏科树种中树龄最长、胸径最大的巨树。年龄多在百年以上，其中有些是千年古树，被当地人尊称为"神树"而加以保护。

巨柏材质十分优良，可作为雅鲁藏布江下游的造林树种。巨柏天然分布区十分狭窄，主要分布在雅鲁藏布江朗县至米林附近的沿江地段，西藏甲格以西分布较多，在尼洋河下游林芝以及波密也有分布。

柏树与松树一样，高大挺拔，而且四季常绿、历冬不凋。以树喻人，柏树不惧严酷艰险，这当然是一种非常可贵的本质了，因此有"岁寒而知松柏之后凋也"和"岁不寒，无以知松柏；事不难，无以知君子"等说法，进而衍生出了古老的崇尚松柏的"松柏文化"。

我国历朝历代，不知有多少文人墨客热衷于歌颂松柏，将它称为"精神知己"。我国古籍解释"柏"字意义时说：

> 柏，阴木也……木皆属阳，而柏向阴指西，盖木之有贞德者，故字从白……白，西方正色也……

这里大体意思是说，柏不像一般树木那么"趋阳附势"，偏偏很另类地要"向阴指西"，这都是松柏文化的影响，是把柏树比作讲究气节的君子。

巨柏有"世界巨柏王"之称，是我国特有的树种之一，对研究柏科植物的系统发育和西藏植被的发

尼洋河 雅鲁藏布江支流之一，藏语称河为"曲"，称湖为"错"。尼洋河，藏人叫它"尼洋曲"。它是一条非常美丽的河。那个清澈，那个翡翠般的绿，那个飞溅的洁白的浪花，三种效果难分难辨地交融在一起，简直美不胜收。

■ 千年巨柏

生发展及其环境的关系，都有重要的意义。

巨柏属于濒危物种，为此，有关部门在林芝巨柏分布地区划定了自然保护区，选择分布集中、生长良好的林木作为自然保护点。在保护区内禁止砍伐，并大力采种育苗，营造人工林。

林芝巨柏自然保护区，是一片比较完整的巨柏纯林，树木十分集中，生长较好。其中最大的一株巨柏树高46米，胸径4.46米，需要10多个成年人合围才能抱住它，树冠投影面积1亩有余。

这株巨柏的年龄约2500岁，为我国生存柏科树种中树龄最长、胸径最大的巨树，被当地人以"神树"之尊加以保护。

林芝古柏在当地藏族群众的心目中是圣树，传说西藏本教开山祖师辛饶米沃的生命树就是古柏。所以，林中那些最大最古老的树身上总是缠挂着风马，树林中还到处是玛尼堆，常有信徒远道前来朝拜。因此，巨柏有着深刻的文化内涵。

阅读链接

藏族先民认为灵魂是不灭的，死后会离开肉体独立存在，甚至在一个人生前也是如此，灵魂会寄托在有生命的动植物或无生命的石头、湖泊上等。灵魂一旦有了另外一个寄托，生命也就多了一层保障，即使人体受到了伤害，也会很快复原。

在雅鲁藏布江支流尼洋河东岸，生长着几百棵巨大的柏树。其中最大的一棵，与藏地原始宗教本教的始祖顿巴·辛饶米沃关系不小。传说当年辛饶米沃到贡布传教时经过娘布来到巴吉拉卡，这里就长出了一棵高大柏树，名为桑瓦秀巴，意思就是柏树。

后人说，这棵大柏树就是辛饶米沃大师的"第二存在"。

东方圣者——银杏

传说很久以前,在一座大山深处,生活着两户人家,他们常年靠打猎为生。一户姓周,生有一男,取名"银生",浓眉大眼,一表人才;一户姓王,生有一女,取名"杏儿",身材窈窕,杏眼桃腮。

金黄的银杏叶

■ 美丽的银杏树冠

银生、杏儿俩人青梅竹马，日久生情，他们想学梁祝比翼飞，不想做牛郎织女两分离。双方父母见他们情投意合，决定择良辰吉日为他们完婚。

可是邻村有一位财主早就垂涎杏儿的美貌，一心想霸占杏儿做八姨太。

一天，财主带着10多个家丁，抬着一乘花轿，来到了王家。他见只有杏儿母女在家，便吩咐家丁一拥而上，连拖带拽，把杏儿塞进花轿，抬上便走。

杏儿母亲上前阻拦也被可恶的家丁一脚踢倒在地，当场昏死过去。杏儿拼命呼喊挣扎，但也无济于事。

性急的财主把杏儿抬回家后，就急着拜堂成亲。杏儿性情刚烈，趁人不备，一头撞向香案。财主见硬来不行，便只好命人先将杏儿关进柴房。

晚上夜深人静之时，银生拿着柴刀悄悄来到财主家，他劈死了守门的4只狗，又打晕了护院的家丁，才进入财主家寻找杏儿，终于在柴房找到杏儿，并将其救下一起逃走了。

银生、杏儿在路上不敢多作停留，他们饿了吃野果，渴了喝泉水，翻山越岭走了九九八十一天。终

青梅竹马 出自唐代大诗人李白的五言古诗《长干行》："郎骑竹马来，绕床弄青梅，同居长干里，两小无嫌猜。"后来，人们使用"青梅竹马"和"两小无猜"来表明天真、纯洁的感情长远深厚，用青梅竹马来称呼小时候玩在一起的男女，尤其指长大之后恋爱或结婚的。

于,他俩来到一个僻静、美丽的村子。银生、杏儿决定在这里安家。他们男耕女织,小日子过得倒也有滋有味。

可是有一天,财主还是带人找到了这里,他们打听到了银生、杏儿的住处后,不由分说,便将杏儿五花大绑准备带回财主家。杏儿岂肯就范,银生也拼命相救。

财主就命人将银生打了个半死,并在他身上捆上了一块大石头要把他沉入池塘。

就在这时,突然天昏地暗、飞沙走石,狂风卷起财主及家丁重重地摔下悬崖,顷刻就毙命了。之后又晴空万里了,银生、杏儿却变成了两棵参天大树:一棵盘根错节、枝粗杆壮;一棵纤细柔润、婀娜多姿。

他们聚天地之精华,日生夜长,硕果累累。因为这两棵树是银生、杏儿变的,大家就叫它们"银杏树"。

后来,村里人有病痛之时,就取其叶或果实,煮沸饮服,便立即见效。银杏树造福村人,村人对

> **梁祝** 《梁山伯与祝英台》是我国西晋时期的一个爱情故事,在民间流传十分广泛,可谓家喻户晓,被誉为爱情的千古绝唱。它与《白蛇传》《孟姜女》《牛郎织女》并称我国古代四大民间传说。

■ 虬曲的银杏树干

■ 银杏幼树树冠

银杏树也备加呵护。这两棵银杏树枝繁叶茂，护佑着一方百姓。每年，方圆几十千米的村民都在六月十五这天来到树下焚香上供。

还有一个传说，说是从前没有白果树，只有神仙吕洞宾那里有一棵白果树，每年只结8粒果子，8位神仙每人只能分到一粒，作为仙果很是稀奇。

有一年，王母娘娘到吕洞宾的仙府做客，此时正是白果成熟的季节，王母娘娘看到金黄色的银杏果子，很是眼红，于是乘众仙不备，摘了两个藏在袖子里。

不料被果童发现了，并告诉了吕洞宾。吕洞宾很生气，便派张果老骑驴去追赶。张果老追到王母后，王母很无奈，只好把果子扔下了。恰巧这两棵种子落在了观竹寺里，第二年竟长出了两棵小白果树。

这两棵树很神奇，一日出土，二日长叶，三日分枝。当中有两个最长的树枝，一枝指向西天"瑶池"，另一枝指向洞宾仙府，不几天就长成了大树，当地老百姓都称之为"神树"。

寺里的长老很高兴，可是到了春天，这两棵树光开花就是不结果子。长老又感到非常失望，于是让小

王母娘娘 又称金母、金母元君、瑶池金母、瑶池圣母、西王母，是我国神话传说中的女神。原是掌管灾疫和刑罚的大神，后于流传过程中逐渐女性化与温和化，成为慈祥的女神。她所居昆仑山在西方，又叫"西昆仑"，故称其"西王母"。

和尚烧香祈祷,求神仙帮忙。

这件事惊动了果仙韩湘子,就托梦给长老说:"这两棵树是一公一母,不成亲不能结果子……"

长老听后,便选良辰吉日为其举办了婚礼,并用红线牵引,将分枝联在一起,并祝祷:

> 白果女,白果男,红线牵引结良缘,今日行婚礼,结果敬人间……阿弥陀佛!

说来也奇怪,第二天果然结出了果子,从此白果树开始在这里"生儿育女"。后来,白果仍被医学界视为名贵的良药,为人们防治着百病,可以说真是神树。那它到底是一种什么树呢?

银杏俗称白果,古时又称鸭脚树或公孙树。银杏属落叶大乔木,高可达40米,直径可达4米。其幼树树皮比较平滑,呈浅灰色,幼树长成之后树皮呈灰褐色,具不规则纵裂。树枝有长枝与生长缓慢的距状短枝之分。

银杏叶互生,扇形,两面均为淡绿色,叶柄细长,宽5厘米至8厘米。其叶在长枝上辐射状散生,在短枝上四五枚簇生,短枝上的叶常具波状缺刻。

银杏雌雄异株,罕见雌

银杏树枝蔓

胚珠 也是种子植物的大孢子囊，为受精后发育成种子的结构。被子植物的胚珠包被在子房内，以珠柄着生于子房内壁的胎座上。裸子植物的胚珠裸露地着生在大孢子叶上。一般呈卵形。其数目因植物种类而异。它由珠柄、珠被、珠孔和珠心组成。

雄同株。球花单生于短枝的叶腋；雄球花成葇荑花序状，雄蕊多数，各有两花药；雌球花有长梗，梗端常分两叉，叉端生一有盘状珠托的胚珠，一个胚珠发育成种子。

银杏种子，核果状，具长梗，下垂，呈椭圆形、长圆状倒卵形、卵圆形或近球形，长2.5厘米至3.5厘米，直径1.5厘米至2厘米。银杏的种子有肉质假种皮、骨质中种皮和膜质内种皮3层种皮，中间包裹着胚和胚乳。中种皮为白色的硬壳，因此俗称"白果"。银杏种子成熟时呈淡黄色或橙黄色。

银杏一般3月下旬至4月上旬萌动展叶，4月上旬至中旬开花，9月下旬至10月上旬种子成熟，10月下旬至11月落叶。银杏寿命长，幼树生长较慢，发芽性很强。雌株一般20年左右才开始结实，500年树龄的银杏仍能正常结实。

银杏的适应性强，对气候、土壤的要求不是很严

■ 银杏树的果实

格，在我国许多地区均有分布。在我国，银杏北可达辽宁沈阳，南可至广东广州，东南至台湾南投，西可抵西藏自治区昌都，东可至浙江舟山普陀岛。

野生的银杏主要分布于水热条件比较优越的亚热带季风区，土壤多为黄壤或黄棕壤，偏酸性。常与其相伴生的植物有柳杉、金钱松、榧树、杉木、蓝果树、枫香、天目木姜子、香果树、响叶杨、交让木、毛竹等。

■ 银杏苗木林

银杏是裸子植物中最古老的孑遗植物，和它同纲的所有其他植物皆已灭绝。据相关研究，银杏最早出现于3.45亿年前的石炭纪，曾广泛分布于北半球的欧、亚、美洲，像动物界的恐龙一样称王称霸。

大约在50万年前，就是第四纪冰川运动时，地球突然变冷，中欧及北美等地的银杏树全部灭绝了，只在我国存活了一种，因此成为我国独特的树种，在学术界一直被誉为"活化石"和"植物界的熊猫"。

后来著名学者郭沫若称之为"东方的圣者""我国人文明的有生命的纪念塔"，是"完全由人力保存下来的珍奇"，是"随我国文化与生俱来的亘古的证人"。

银杏为银杏科唯一存活的种类，具有许多原始的性状，对研究裸子植物系统发育、古植物区系、古地

胚乳 一般是指被子植物在双受精过程中精子与极核融合后形成的滋养组织，也称"内胚乳"。这种组织既不是配子体，也不是孢子体，其染色体倍性一般为三倍体；为许多植物种子重要组成部分。裸子植物的雌配子体具有贮藏营养的功能，也称它为胚乳。

■ 苍劲的银杏树

理及第四纪冰川气候具有重要的价值。银杏树的价值不仅在于它能跨越"有史时期"而生存下来,更重要的是它能在这漫长的"地质时期"保持该物种的遗传稳定。

银杏树气势雄伟,树干虬曲、葱郁庄重,寿龄绵长。银杏以其苍劲的体魄、独特的性格、清奇的风骨、较高的观赏价值和经济价值而受到世人的钟爱和青睐。

在我国的名山大川、古刹寺庵,无不有高大挺拔的古银杏,它们历经沧桑、遥溯古今,给人以无限的神秘莫测之感。

唐代著名诗人王维曾作诗咏道:

银杏栽为梁,香茅结为宇。
不知栋里云,去做人间雨。

宋代大词人苏东坡也有词赞道:

王维(701年—761年),字摩诘,祖籍山西祁县,其父迁居于蒲州,即今山西永济市,遂为河东人。盛唐山水田园派诗人、画家,人称"诗佛",今存诗400余首。重要诗作有《相思》《山居秋暝》等。王维精通佛学。佛教有一部《维摩诘经》,是维摩诘菩萨讲学的书。王维很钦佩维摩诘,所以自己名为维,字摩诘。

四壁峰山，满目清秀如画

一树擎天，圈圈点点文章。

银杏是我国特有而丰富的经济植物资源。银杏的树体高大，俊美挺拔，叶片玲珑奇特，季相分明有特色，是理想的园林绿化、行道树种。它对不良环境条件具有抵抗能力，而且无病虫害，是优良的抗污染和绿化树种。它还能涵养水源，防风固沙，保持水土，是理想的防风林带栽培树种。

银杏树浑身都是宝。其果为上等干果，味道甘美，可食用亦可药用。树种仁营养丰富，其中含有淀粉、粗蛋白、核蛋白、粗脂肪、蔗糖、矿物质、粗纤维等，是高档的滋补果品。银杏树叶的主要成分有黄酮苷、总萜内酯、白果内酯，也具有很高的药用价值。

银杏树木材质地优良，干燥速度快且不翘裂，并有特殊的药香味，素有"银香木"之称。银杏木材常用于

苏东坡（1037年—1101年），名苏轼，字子瞻，又字和仲，号"东坡居士"，眉州眉山人，是北宋著名文学家、书画家、散文家和诗人。豪放派代表人物。他与他的父亲苏洵、弟弟苏辙皆以文学名世，世称"三苏"，与汉末"三曹父子"，即曹操、曹丕、曹植齐名。他还是唐宋八大家之一。作品有《东坡七集》《东坡乐府》等。

繁茂的银杏树

银杏树林

建筑、镶嵌、各种雕刻工艺、高级文化和乐器用品等。

银杏树是珍贵树木,已被列入我国古树名木的保护管理法律、法规之内。提出建立档案和标志,规定保护范围,加强养护管理。并严格强调严禁砍伐或者迁移,对砍伐、擅自迁移者或因管护不善致使受到损伤或者死亡的,要严加查处,并依法追究责任。

这些法律法规为保护古银杏、发展银杏事业起到了积极的作用。

> **阅读链接**
>
> 传说在很久以前,住在江苏泰兴的村民过着温馨而祥和的生活。有一天,来了个可恶的蝙蝠精妖魔,它施展魔法到处作怪,让村民们疾病缠身,家禽家畜也不断失踪。
>
> 观音菩萨为了普度众生,便派了一位美丽善良的银杏仙子下凡降妖。银杏仙子化作一棵银杏树,长在了单身青年金泰的门前,她受到了金泰的悉心护理。他们朝夕相处,日久生情,便结为了夫妻。
>
> 为了完成护村安民的使命,这对生死相随的爱情男女决定珠联璧合,合力同斗恶魔。经过一番殊死搏斗后,蝙蝠精被除掉了。为了给村里子孙后代带来永久的幸福和安康,金泰夫妻俩化作了雌雄两棵银杏树,根枝相连,便永远扎根于泰兴了。

植物国宝——水杉

相传在很久以前，接连不断的大雪把万物都冻死了，只剩下一对土家族兄妹。哥哥名叫覃阿土希，妹妹名叫覃阿土贞。

到处是白茫茫的大雪，为了活下去，兄妹两人就走呀走，想找一

茂密的水杉树林

■ 夏季的水杉树林

天宫 神话传说中天帝的宫廷。根据典籍记载，天宫横纵以天罡、地煞之数排列天宫、宝殿，主要建筑有108座左右。穿越南天门，直达凌霄殿内。此殿为玉帝四时朝臣之地，如人间的金銮殿一般。

条出路。他们忽然看到了一棵大树，大风刮不动，大雪埋不住，青枝绿叶，郁郁葱葱。

兄妹俩觉得非常奇怪，就往这棵大树上爬，爬呀爬，越爬越暖和，越爬越亮堂，他们再向上看时，已经爬到了天宫！

在天宫里，观音菩萨对兄妹俩说："世上只剩下你们俩了，你们就下凡成亲吧！"

妹妹怕羞，菩萨指着他们爬上来的那棵大树说："它是水杉，你们可以折一根树枝做一把伞，脸遮住就不羞了。"因此，后来土家族姑娘到出嫁上轿时都要打一把伞。

兄妹俩成亲后，生下了一个红球，这个球飞起来爆炸成了许多小块儿，落到地上就变成了人，这些人就成为后来的土家族人。

这棵神奇的大树也就是后来被誉为植物界"活化石"的水杉。

水杉属于落叶乔木，树干通直挺拔，高达35米至40米，胸径达1.6米至2.4米。其幼树树冠呈尖塔形，老树则呈广圆头形。

水杉的树皮呈灰褐色或深灰色，裂成条片状脱落，内皮呈淡紫褐色。大枝近轮生，小枝对生或近对生，下垂。水杉一年生的枝呈淡褐色，两三年生的枝呈灰褐色，枝的表皮层常成片状剥落，侧生短枝长4厘米至10厘米，冬季与叶俱落。

水杉的枝子向侧面斜伸出去，全树犹如一座宝塔。它的枝叶扶疏，树形秀丽，既古朴典雅，又肃穆端庄。

水杉的叶长1.3厘米至2厘米，宽1.5毫米至2毫米，交互长在绿色脱落的侧生小枝上，排成羽状两列，呈扁平条形，十分柔软，几乎无柄。叶的上面中脉凹下，下面沿中脉两侧有4条至8条气孔线。叶子细长而扁，向下垂着，入秋以后便脱落。

水杉雌雄同株，雄球花单生叶腋或苞腋，卵圆形，交互对生排成总状或圆锥花序状，雄蕊交互对生球果下垂，当年成熟。水杉果呈蓝色，可食用，近球形或长圆状球形，微具四棱，长1.8厘米至2.5厘米。

水杉的种鳞薄而透明，苞鳞木质，呈盾形，背面呈横菱形，有一横槽，熟时呈深褐色。水杉的种子呈倒卵形，扁平，周围有窄翅，先端有凹缺。水杉每年2月开花，果实10月下旬至11月成熟。

水杉多生长在山谷或山麓附近地势平缓、土层深厚、湿润或稍有积水的地方，耐寒性强，耐水湿能力强，适宜生长在轻盐碱地，或生

水杉树针形叶

■ 苍劲茂盛的"双子"水杉树

长在酸性的山地黄壤、紫色土或冲积土。

水杉为喜光性树种，根系发达，在长期积水排水不良的地方生长缓慢，树干基部通常膨大和有纵棱。

水杉适应生长的温度为零下8摄氏度至38摄氏度。分布地的气候温暖湿润，夏季凉爽，冬季有雪而不严寒，年平均温13摄氏度，年降水量1500毫米，年平均相对湿度82%。

水杉天然分布在湖北、重庆、湖南三省交界的利川、石柱、龙山的局部地区，垂直分布一般为海拔800米至1500米。后引进到各地进行栽培，在许多植物园也有生长。

江苏省邳州的"市树"是水杉树，邳苍路4千米水杉林带被海内外誉为"天下水杉第一路"。

沿着邳州城区向北，高大挺拔的水杉整齐地排列在道路两旁，庞大的树冠构成一条漂亮的绿色通道。两旁的水杉树，挺拔俊秀，郁郁葱葱，像是等待检阅

盐碱地 盐类集积较多的土地，土壤里面所含的盐分已经影响到了作物的正常生长。我国碱土和碱化土壤的形成，大部分与土壤中碳酸盐的累积有关，因而碱化度普遍较高，严重的盐碱土壤地区植物几乎不能生存。轻盐碱地的出苗在七八成，重盐碱地则出苗率低于50%。

的士兵，巍然屹立在天然绿色甬道间，它的茂密、深邃深深吸引着人们，仿佛让人走进了一个清雅世界。

水杉是一种从古代植物保存下来的"活化石"，它与动物中的大熊猫一样，在植物中，它是只有我国才有生长的古代孑遗植物，所以人们称它为"中国的国宝""植物界的熊猫"。

水杉是一种古老的植物。远在一亿多年前的中生代上白垩纪时期，水杉的祖先就已经诞生于北极圈附近了。大约在新生代的中期，由于气候、地质的变迁，水杉逐渐向南迁移。

至新生代的第四纪，地球上发生了冰川，水杉抵抗不住冰川的袭击，从此开始绝灭。我国少数水杉，躲进了四川、湖北交界一带的山沟里，活了下来，成为旷世的奇珍。

水杉对于古植物、古气候、古地理和地质学，以

> **孑遗植物** 指绝大部分植物物种由于地质地理、气候变迁等原因灭绝之后幸存下来的古老植物，被人们称为活化石。在我国，银杉、水松、珙桐等都是我国特有的孑遗植物。这些植物的形状和在化石中发现的植物基本相同。

■水杉树苗木林

及裸子植物系统发育的研究均有重要意义。

水杉是著名的观赏树木,它不仅能够净化空气,同时也是荒山造林的良好树种。它的适应力很强,生长极为迅速,在幼龄阶段,每年可长高1米以上。

水杉的经济价值很高,其材质细密轻软,是造船、建筑、桥梁、农具和家具的良材,同时还是质地优良的造纸原料。

为了保护水杉,我国有关部门专门设立了水杉种子站,建立了种子园,加强了母树的管理,对5000多棵林木进行逐株建档,采取了砌石岸、补树开排水沟、防治病虫害等保护措施,加速育苗造林。有的地区还对水杉采取了挂牌保护。

水杉天然更新弱,还特别注意了保护幼苗,促进其成长,避免了残存水杉林被其他树种所更替的现象,较好地保护了水杉树的生长繁育。

阅读链接

传说神农氏为了给人们治病,他经常去深山老林中采集药物、亲尝百草。

有一天,他在树林里寻找草药,走遍了树林,没看见一只鸟和大的野兽。神农觉得很奇怪,在无意中,他的手碰上了杉针叶,刺得他浑身难受。他气得掰开杉枝,想要把它折断,这一下,刺得他更加痛和痒了。

神农正要发脾气,但他转念一想,杉树的全身长满了棘刺,那么吃人的野兽就难以藏在树丛中了。于是,他不由得称赞道:"这样的好树,能造福子子孙孙,永远都会砍不尽啊!"

所以,后来杉树被砍后,蔸上总能发出新苗,生生不息。

活化石——百山祖冷杉

相传在远古时候，在浙江百山祖下的一个山村里有个姑娘名叫"杜鹃"，长得俊俏、可爱，又聪明能干。同村有个英俊小伙名叫"冷杉"，是个有名的猎手。他们俩相亲相爱，形影不离。

不料这事被百山祖的山霸王马皇知道了，他早就想霸占杜鹃做他的小妾，于是他顿时起了恶意，要把冷杉抓来做他的奴仆，于是就带领一伙恶奴去抓杜鹃与冷杉。

杜鹃和冷杉闻讯，便一起

冷杉

■ 葱绿的冷杉林

逃往百山祖的深山密林中。不幸的是，他们最后还是被山霸一伙追上了，双双中了马皇的毒箭而死去。

这时，有一采药的神仙恰好路过此地，目睹此情非常气愤，便撒出了一把竹籽。霎时，他的身边长出了密密麻麻的箭竹林，不断地向远处延伸，很快就将山霸一伙紧紧地围困起来，直至他们全都饿死、冻死。

神仙怀着同情之心，向遇难的这对情侣身上吹了一口仙气，顿时，男的变成了高大挺拔的冷杉树，女的变成了鲜艳多姿的杜鹃花。

后来，百山祖山上便生长了箭竹和冷杉树，还开放有美丽的杜鹃花。杜鹃和冷杉结成了终身伴侣，永远生活在一起，永远相亲相爱。

至于马皇，因为太坏，最后变成了令人厌恶的旱蚂蟥。

神仙 是我国儒教中规定的皇天、上帝、社稷、寝庙、山林、名川、风雨雷电以及宗庙鬼神。神仙分为天、地、人鬼3个类别。神仙在我国的寓意是凡是博学多才能用才能济世救人、扶正祛邪、深得人心者既为神仙。神仙是众人对才华出众、公平正义之人的尊称，如八仙等。

百山祖冷杉是冷杉属常绿乔木，具有平展、轮生的枝条，成年树一般高17米，胸径达0.8米。树皮呈灰黄色，不规则块状开裂。大枝平展，枝皮不规则浅裂。小枝条一左一右对称而生，一年生枝呈淡黄色或灰黄色，无毛或凹槽中有疏毛。

冬芽呈卵圆形，有树脂，生于枝顶，3个排成一平面，中间之芽常较两侧之芽为大。在小枝节间上面生有一芽，其后发育成直立枝。芽鳞淡黄褐色，呈三角状卵形，背面中上部具钝纵脊。

百山祖冷杉的叶子呈螺旋状排列，在小枝上面辐射伸展或不规则两列。中央的叶较短，小枝下面的叶梳状，线形，长1厘米至4.2厘米，宽0.25厘米至0.35厘米。

常绿乔木 一种终年具有绿叶的乔木，这种乔木的叶寿命是两三年或更长，并且每年都有新叶长出，在新叶长出的时候也有部分旧叶脱落，由于是陆续更新，所以终年都能保持常绿，如樟树、紫檀、马尾松等。这种乔木由于其有四季常青的特性，因此常被用来作为绿化的首选植物。

■ 园林区内的冷杉

冷杉春芽

先端有凹下，下面有两条白色气孔带，树脂道两个，边生或近边生。横切面有两个边生树脂道或生于两侧端的叶肉薄壁组织内，上面至下面两端及下面中部有一层连续排列的皮下层细胞，幼枝之叶在枝上常呈两列，先端呈二尖裂。

百山祖冷杉雌雄同株，球花单生于去年生枝叶腋。雄球花下垂，雌球花直立圆柱形，长3厘米至3.5厘米，径约0.8厘米。有多数螺旋状排列的球鳞与苞鳞，苞鳞大，每一珠鳞的腹面基部有2枚胚珠，苞鳞上部向后反曲。

球果通常每一枝节之间着生1个至3个，直立，呈圆柱形，有短梗，长7厘米至12厘米，直径3.5厘米至4厘米，成熟前绿色至淡黄绿

冷杉苗木林

色，成熟时淡褐色或淡褐黄色。

种鳞呈扇状四边形，稀近肾状四边形，长1.8厘米至2.5厘米，宽2.5厘米至3厘米，先端近全缘或有极细之细齿，两侧边缘有不规则锯齿，基部楔形、两侧耳状。

苞鳞较窄，稍短于种鳞或几相等长，长1.6厘米至2.3厘米，中部收缩，上部近圆形，宽0.7厘米至0.8厘米，边缘有细齿，先端露出，反曲，具突起的短刺状。

成熟后种鳞、苞鳞从宿存的中轴上脱落；种子倒三角形，长约1厘米，具宽阔的膜质种翅，种翅倒三角形，长1.6厘米至2.2厘米，宽0.9厘米至1.2厘米。

百山祖冷杉果实

百山祖冷杉的幼树十分耐阴，但生长不良。大树枝条常向光面屈曲。结实周期四五年，多数种子发育不良，5月开花，11月球果成熟。

百山祖冷杉是浙江省百山祖自然保护区的特有植物，在浙江第二高峰百山祖主峰西南侧1.7千米以上山谷沟旁的亮叶水青冈林中，这种冷杉自然生长的仅有几株。

百山祖冷杉产地位于东部亚热带高山地区，气候特点是温度低，湿度大，降水多，云雾重。年平均温度八九摄氏度，极端最低至零下15摄氏度，年降水量达2300毫米，相对湿度92%。

成土母质多为凝灰岩、流纹岩之风化物，土壤为黄棕壤，呈酸性。自然植被为落叶阔叶林，伴生植物主要有亮叶水青冈，林下木为百山祖玉山竹和华赤竹。

由于气候的变迁，冷杉分布区不断变迁。在植物分类系统中，冷杉是古老的裸子植物松科中的一个属，冷杉属家族全世界有50多种，已知我国原产的冷杉属植物有23种及数个变种。

百山祖冷杉是我国特有的古老残遗植物，是第四纪冰川期遗留下来的，有"植物活化石"和"植物大熊猫"之称，对于研究古气候、古地质变迁、古生物、古植被区系等具有重要的学术意义，被列为国家一级保护植物。

由于种种原因，百山祖冷杉自然有性繁殖十分困难，常规人工无性繁殖也困难，濒临物种灭绝境地。

国际物种保护委员会已将百山祖冷杉公布列为世界最濒危的12种植物之一，浙江省成立了百山祖自然保护区。

在百山祖的冷杉由于周围伴生着亮水青冈，挤压着百山祖冷杉实生苗生长的空间，难以生长，因而对实生苗进行了迁地保护。

为了抢救百山祖冷杉，有关专家采集了一批百山祖冷杉种子，进行了人工育苗，后来把这批实生苗进行了移植。经过精心管护，迁地保护获得了成功。

阅读链接

传说很久以前，在一个山村里住着个姑娘叫箭竹，长得水灵可爱、乖巧聪明。有个小伙叫冷杉，憨厚壮实、英俊能干。

两人常常双双上山采药、打猎，于是心生爱慕，形影不离。但好景不长，恶毒的山霸想逼箭竹为妾，便抓冷杉做奴仆。

冷杉与箭竹拼死抗争，逃往深山密林，过着自由自在的生活。但好景不长，冷杉和箭竹不幸被山霸发现了，追逐中双双跳崖身亡了。

后来，小伙变成了高大挺拔的冷杉树，姑娘变成了风姿绰约的箭竹林。从此，冷杉和箭竹如影相随，永伴终生。

参天金松——金钱松

相传地藏王菩萨带着众生灵到灵山听经,一时间龙狮虎象、飞禽走兽浩浩荡荡,好不热闹。但也有一些孽障趁此危害百姓,一路上闹得鸡犬不宁。尽管百姓们奋力反抗,但都无济于事。

金钱松雪景

■ 深秋的金钱松

话说大明皇帝朱洪武与军师刘伯温私访周游天下，他们来到东山边，见这里东有将军山，北有笄山，西有乌云山，南有桃花山，无量溪河绕山而流，山清水秀，人勤地沃，此地本应是一块风水宝地，可为什么终日乌云密布呢？

刘伯温拿出罗盘，对好子午线仔细观察，他发现无量溪河和粮长河里两条水怪相争斗气，正在兴风作浪危害人们。

于是，刘伯温拿出腰间悬挂的姊妹双锋宝剑，在空中一舞，只见两道寒光一闪，一把宝剑插在曹冲岭，一把宝剑插在丁冲东山边。顿时风雨大作，雷声四起，顷刻间雨过天晴，空气清新，又是一派生机。

又过了几百年，刘伯温曾经插在曹冲岭与丁冲东山的宝剑神秘地消失了，剑鞘却永远留了下来，后来化成了两棵参天大树。大树气势雄伟磅礴，主干挺健笔直，好像一把利剑直入云霄，当地人们称之为"剑松"。

到了秋天时，这剑松的叶子呈金黄色，好像钱一样，人们就叫它"金钱松"。

这两棵大树特别有灵性，曾有人想锯掉这两棵大树，刚下锯就听见雷声隆隆，下锯处流出血浆，锯树

刘伯温（1311年—1375年），元末明初杰出的军事谋略家、政治家、文学家和思想家，明朝开国元勋。他通经史、晓天文、精兵法，曾辅佐朱元璋完成帝业、开创明朝并尽力保持国家的安定，因而驰名天下，被后人比作诸葛武侯。

人只好作罢。

此后，还有人想锯掉这两棵古树，可冥冥之中总有一些说不清的原因保护着这两棵大树。后来，人们对这两棵树进行了保护，两棵树顽强地生长着，不断地造福当地的百姓。

金钱松属落叶乔木，枝平展，不规则轮生，高达40米，胸径可达1.5米。金钱松树干通直，树皮呈灰色或灰褐色，裂成鳞状块片；具长枝和距状短枝。叶在长枝上螺旋状散生，在短枝上二三十片簇生，伞状平展，呈线形或倒披针状线形，十分柔软，长3厘米至7厘米，宽0.15厘米至0.4厘米。

金钱松的叶呈淡绿色，上面中脉不隆起或微隆起，下面沿中脉两侧有两条灰色气孔带，秋季叶呈金黄色。此树雌雄同株，球花生于短枝顶端。雄球花20

> **落叶乔木** 每年秋冬季节或干旱季节叶全部脱落的乔木。一般指温带的落叶乔木，如山楂、梨、苹果、梧桐等，落叶是植物减少蒸腾、度过寒冷或干旱季节的一种适应，这一习性是植物在长期进化过程中形成的。落叶的原因，是由短日照引起的，其内部生长素减少，脱落酸增加，遂产生离层的结果。

■ 崖壁旁的金钱松

■ 金钱松

个至25个簇生；雌球花单生，苞鳞大于珠鳞，珠鳞的腹面基部有2枚胚珠。

金钱松的球果当年成熟，呈卵圆形，直立，长6厘米至7.5厘米，直径四五厘米，成熟时呈淡红褐色，具短梗。金钱松的种鳞木质，卵状披针形，先端有凹缺，基部两侧耳状，长2.5厘米至3.5厘米，成熟时脱落。

金钱松的苞鳞短小，长约种鳞的四分之一至三分之一。种子呈卵圆形，有与种鳞近等长的种翅；种翅膜质，较厚，三角状披针形，呈淡黄色，表面有光泽。

金钱松宜温凉湿润气候，分布区年平均气温13摄氏度至17摄氏度，最冷月平均温2摄氏至5摄氏度，最热月平均温27摄氏度至29摄氏度，年降水量1200毫米至1800毫米。适宜生长的土壤为酸性黄壤或黄棕壤，常见伴生植物有柳杉、榧树、枫香、紫楠等。

金钱松为深根性，无萌发能力。幼龄阶段的稍耐庇荫，生长比较缓慢。10年以后，需光性增强，生长逐渐加快。金钱松在3月中下旬萌芽，4月初开始展叶，4月中旬进入展叶盛期。8月下旬至9月上旬叶开始变色，10月中下旬为落叶盛期，一般三五年丰产一次。

黄壤 中亚热带湿润地区发育的富含水合氧化铁的黄色土壤。分布于本区东部和北部的贵州高原，是我国最主要的黄壤分布区。在山地的垂直带谱中，黄壤下部一般是红壤，上部以黄棕壤为多。黄壤的形成包含富铝化作用和氧化铁的水化作用两个过程。

10月中旬种鳞转为淡黄色，种鳞松散，种子与鳞片一同散落，发芽率60%至80%。

金钱松的天然更新能力较强，在遮蔽度中等的林冠下，特别是土壤湿润肥沃的山地，天然下种的幼苗，只要适时抚育，就能形成新林。

金钱松分布于我国长江流域一带的山地，喜光爱肥，适宜酸性土壤。由于它树干挺拔，树冠宽大，树姿端庄、秀丽，被广为引种，种植于瀑口、池旁、溪畔或与其他树木混植。

金钱松分布于江苏省南部、安徽省南部、浙江省西部、江西省北部、福建省北部、四川省东部和湖南省、湖北省等地。多生长于低海拔山区或丘陵地带，适宜温凉湿润气候。

地质年代的白垩纪金钱松曾经在亚洲、欧洲、美洲都有分布，更新纪的冰河时期各地金钱松都相继灭绝，我国的长江中下游有少数残留，成为仅存于我国的单属单种特有植物。对研究松科的系统发育有一定科学意义。

金钱松木材纹理直，耐水湿，为建筑、桥梁、船舶、家具等的优良用

金钱松的枝叶

金钱松树林

材,是长江中下游地区海拔1.5千米以下山地丘陵的优良造林树种。

金钱松有较强的抗火性,在落叶期间如遇火灾,即使枝条烧枯,主干受伤,至第二年春天,主干仍能萌发新梢,并恢复生机。

金钱松的种子可榨油,根皮可入药,名为"土荆皮"。树根可作为纸胶的原料,树皮可药用,有抗菌消炎、止血等功效,可治疗疥癣瘙痒、抗生育和抑制肝癌细胞活性等。

为了保护金钱松,我国建立了自然保护区。有关部门把金钱松列为分布区中山、丘陵的重要造林树种。在许多城市和植物园进行了引种栽培,使金钱松到处都生根发芽并生生不息。

阅读链接

金钱松又称"罗汉松",相传南宋年间,西天如来佛祖派3位罗汉下凡普度众生,他们是降龙罗汉、伏虎罗汉和莲花罗汉。

其中,降龙罗汉投胎浙江天台的李家,名叫李修缘,后来在杭州灵隐寺出家,他就是大名鼎鼎的济公和尚。伏虎罗汉化身为一个又黑又丑的哑巴和尚,名叫普妙。莲花罗汉却错投了女胎,取名叫刘素素,成了李修缘未出家前的未婚妻。

刘素素得到普妙和尚与济公的点化后,终于大彻大悟。后来,3位罗汉与万年猩猩精袁公祖进行决斗,莲花罗汉为了保护另两位罗汉而身受重伤,最终坐化圆寂。后来,莲花罗汉的肉身化为了罗汉松,永远留在了人间。

铁之树——苏铁属

■ 公园里的苏铁

相传在很久以前,岭南地区有一个姓苏的年轻铁匠,娶了华家的女儿婉莹为妻。婉莹貌似天仙,心灵手巧,爱花如命,整天种花、栽花、赏花,与花儿为伴,把花儿侍候得枝枝抖擞、朵朵精神。

苏铁匠生性憨厚,十分勤劳,非常喜爱自己的妻子。虽然一天到晚锻镐铸犁忙个不停,但他还是抽空用锄头在房前屋后开出了一个大花圃,割草沤肥,帮助妻

铁砧 我国古代打铁时用的砧板，形状像粗木桩，高0.3米至1米不等。有的是一整块铁，也有的下面是木桩，上面放一块厚厚的铁。我国民间铁匠奉道教太上老君为祖师，称铁砧为"太上老君的膝盖"，对之敬奉有加，不可用铁砧开玩笑，也不可以在上面随便放东西。

子在花圃里种上了栀子、茉莉、芍药、牡丹、杜鹃……

婉莹的花圃真是姹紫嫣红，花团锦簇，百花争艳，溢彩流光，招引得十里八乡的乡亲们纷纷前来赏花。人们称赞说，怪不得华婉莹姑娘这样美貌，原来是她把自己的精气神儿全都给了花儿，花儿也就把所有的灵气给了姑娘。

当地有一个泼皮，人称"邋遢仔"，他平素不务正业，专好偷鸡摸狗。

有一天，邋遢仔从苏铁匠门口路过，见婉莹年轻貌美便垂涎三尺。他见苏铁匠为人忠厚老实，便时常以赏花为名，到花圃中来与婉莹搭讪纠缠，趁机对婉莹动手动脚。婉莹把泼皮欺侮她的事告诉了苏铁匠。

有一天，邋遢仔又来花圃，看见婉莹独自一人，便一把攥住婉莹手里的花锄，死皮赖脸地要帮她干活。

■ 苏铁雌花蕊

"你快走开！我忙着呐！"婉莹知道邋遢仔又来纠缠捣乱，就提高嗓门大声说道。

铁树果实

正在干活的苏铁匠听到妻子大声说话，赶了过来。邋遢仔看见膀大腰圆的铁匠紧攥着拳头，便灰溜溜地走了。

第二天一早，铁匠和婉莹看见自家花圃一片狼藉，花枝被折断了，花瓣、花叶散落满地，还有的花儿被连根拔起扔到了一边。婉莹心痛得泪流满面，铁匠气得把锄把儿攥得"吱吱"响。他们知道是邋遢仔捣的鬼，可是那家伙是个出了名的无赖，一般人得罪不起。

"阿苏，咱们得想个好办法，防止那个坏蛋再闯进花圃里来。"婉莹收拾着被摧残的花儿，哭着对铁匠说。

苏铁匠手艺精湛，他拿起铁锤在铁砧上"叮叮当当"敲起来，把一个个铁片敲成一支支羽毛状的树叶，再把这些铁叶片镶嵌在一根粗铁棒上，组装成一棵高大的铁树。

铁匠一天造10棵铁树，一连干了整整一个夏天，造出了千百棵铁树。夫妻俩把这些铁树密密地围在花圃四周，护卫着花圃中的鲜花。

有一天，邋遢仔又想闯进去糟蹋里面的鲜花。可是那些坚硬高大的铁树挡住了他，他搬也搬不动，砍也砍不断，弄得"哗哗"直响。苏铁匠听见了，从屋子里面冲出来，邋遢仔吓得一溜烟逃跑了。

铁树嫩叶

从此，苏铁匠花圃中的鲜花开得更加绚丽，婉莹终日喜笑颜开，开开心心地过日子。

后来，婉莹和苏铁匠都成了神仙。苏铁匠栽下的铁树，天长日久感受日月精华，由深褐色渐渐变成了深绿色，终于有了真正的生命。因为这树是苏铁匠用铁片做的，所以人们叫它"苏铁"或"铁树"。

此外，民间还有一个传说。

说是在古时候，有个叫红薇的姑娘和黎山一位姓黎的公子，他们变成一对白天鹅，沿着太阳行走的方向寻找天堂。

突然，彩云下出现了一个小小的星球。上面河流交错，高山逶迤，平原宽阔，没有动植物的影像，十分地宁静。这就是他们理想中的天堂。他们降落在一个一面依山、三面环水的坝子上，开始了新的生活。

他们把生活的地方称为地球。这里一片荒凉，除了四季分明的气候，肥沃的土地，充足的雨水和空气之外，其他什么也没有。他们把从天界带来的桫椤、银杏等花草树木种子撒向高山、平原、丘陵，并且开始培育自己的后代。

日复一日，年复一年，整个地球披上了绿色的外衣，非常地美丽，他们的生活也非常幸福。

龙王三太子因爱慕红薇姑娘，便追至黎山，他得知红薇与黎大公子去了地球，便追到地球。

三太子见到红薇，乞求红薇跟他回龙宫。红薇不依，黎大公子一声口哨，四周的铁树围将过来。

三太子眼睁睁地看着红薇逃走了，气得七窍生烟，它口一张，喷出滚滚洪水席卷了整个平原，淹没了所有的铁树林。他又一猛吸，所有铁树随水进入了三太子肚中。三太子收了洪水，朝红薇遁去的方向直追。

龙王 我国神话传说中在水里统领水族的王，是我国古代神话的四灵之一，主要之职是兴云布雨，为人消灭炎热和烦恼。龙王治水是我国民间普遍的信仰。在《西游记》中，龙王分别是东海敖广、西海敖钦、南海敖润、北海敖顺，称为"四海龙王"。

■景区内的铁树

■ 铁树开花

拂尘 又称拂子、云展。是将兽毛、麻、马鬃尾等扎成一束，再加上一个长柄，用来拂除尘埃和蚊虫等。拂尘在道门中有拂去尘缘、超凡脱俗之意，也是道人外出云游随身携带之物。在道教的体系里，拂尘不仅是道场中的一种法器，也是道家的一种有名的武器。

红薇与黎大公子来到横断山脉末端，突然，三太子追了上来，伸手要去抓红薇，千钧一发之际，一道雷电从三太子与红薇之间闪过。雷电过后，出现了一条宽约330米、高约1千米的深沟，沟中涌着银色的光带，把三太子和红薇隔离开来。

三太子知是黎山老母所为，于是抖动身子，使出最后的力气，朝沟对面飞去。光带腾起熊熊烈火，烧得三太子皮开肉绽，他只好退回。黎山老母被三太子的真情所感动，不再为难三太子，劝其返回龙宫，三太子低头不语。

黎山老母劝红薇和黎大公子回黎山，两人坚持不从。老母扬起手中的拂尘在山上画了个圈，告诉红薇，只要不走出这个圈，可以保他们一切平安。

三太子坚持要在此山陪伴红薇，永不离开，请求老母遂他心愿。老母无奈，拂尘一扬将三太子陷于山中，只有头伸在山外。

红薇在黎山老母封住的山中，过着平静、幸福美满的生活。三太子时刻注视着红薇，观察着她的一举一动。可红薇一反天界9000年开花、9000年结果的常规，至每年4月就绽开她那皮球似的雌性花蕾，引得黎大公子碗口般粗的雄性花蕾昂首对天。

后来，三太子变成了龙山，红薇和子孙自由自在地生活在山中。在一个月光如水的夜晚，她化为了人，把自己的传奇经历告诉了一位美丽的姑娘。于是，苏铁美妙的故事便在川滇交界的金沙江畔传开了。

苏铁属是裸子植物门苏铁科下的一个属，是常绿直立圆柱形树干，密被宿存的木质叶基植物。

苏铁是常绿棕榈状木本植物，高可达20米。茎干呈圆柱状，不分枝。它仅在生长点破坏后，才能在伤口下萌发出丛生的枝芽，呈多头状。

苏铁叶为鳞叶与营养叶两种，两者成环地交互着生。鳞叶短而小，呈褐色，密被粗糙的毡毛。营养叶较大，羽状深裂，革质，集生于树干上部，呈棕榈状。

苏铁的茎部密被宿存的叶

黎山老母 我国传说中的女仙名，也称"骊山老母"，是道教崇奉的女仙。据记载，老母是斗姥所化，为上八洞古仙女。斗姥是先天元始阴神，因其形象像征道体，故又称"先天道姥天尊"。

■ 苏铁雄蕊

叶柄 是叶片与茎的联系部分,其上端与叶片相连,下端着生在茎上,通常叶柄位于叶片的基部。少数植物的叶柄着生于叶片中央或略偏下方,称为盾状着生,如莲、千金藤。叶柄通常呈细圆柱形、扁平形或具沟槽。不同的植物,其叶柄的形状、粗细、长短都有所不同。

基和叶痕,并呈鳞片状。叶螺旋状排列,叶从茎顶部生出。小叶呈线形,初生时内卷,后向上斜展,微呈"V"字形,边缘显著向下反卷,厚革质,坚硬而有光泽,先端锐尖。

叶的背面密生锈色绒毛,基部小叶呈刺状。羽状裂片窄长,条形或条状披针形,中脉显著,基部下延,叶轴基部的小叶变成刺状,脱落时通常叶柄基部宿存。

苏铁是雌雄异株,花形各异。其中雄球花长椭圆形或圆柱形,挺立在青绿的羽叶之中,黄褐色的"花球",内含昂然生机,外溢虎虎生气,傲岸而庄严。

雌球花呈扁圆形,浅黄色,上部羽状分裂,其下方两侧生着2至4个裸露的胚珠,紧贴于茎顶,好像淡泊宁静的处女,安详而柔顺地接受着热带、亚热带阳光的照射。

小孢子叶扁平,楔形,下面着生多数单室的花药,花药无柄,通常三五个聚生,药室纵裂;大孢子叶中下部狭窄呈柄状,两侧着生2枚至10枚胚珠。

苏铁种子的外种皮肉质,中种皮木质,常具有两棱,内种皮膜质、在种子成

■ 苏铁盆景

熟时则破裂；子叶2枚，于基部联合，发芽时不出土。

苏铁种子大小如鸽卵，略呈扁圆形，金黄色，有光泽，熟时呈红色。种子成熟期为10月份。种子少则几十粒，多则上百粒，圆环形簇生于树顶，十分美观，有人称之为"孔雀抱蛋"。

苏铁属为喜光植物，稍耐半阴。喜温暖，好生于温暖、干燥及通风良好之处。不甚耐寒，生长缓慢。土壤以肥沃、微酸性的沙质土壤为宜。喜肥沃湿润和微酸性的土壤，但也能耐干旱。生长缓慢，10余年以上的植株可开花。

我国的苏铁属有8种，主要分布在台湾、福建、广东、广西、云南及四川等省区。

在四川省攀枝花，有种被称为攀枝花苏铁的植物，分布于四川省南部渡口、宁南、德昌、盐源与云南省北部华坪等地。生于海拔1100米至2000米地带的稀树灌丛中。

攀枝花苏铁分布地区地处金沙江中段，地势陡峭，河谷深切，山体相对高度大，地形封闭，受干热河谷气候效应的影响，其气候冬季温和，日照充足，热量丰富，属南亚热带半干旱河谷气候类型。

苏铁属是地球上最古老的种子植物，源于古生

油绿的苏铁

沙质土壤 土壤中沙子含量在三分之一左右，土质疏松的土壤。沙质土壤颗粒间孔隙大，小孔隙少，毛细管作用弱，土壤质地疏松，通透性好，由此导致沙质土壤保水性差、蓄水力弱，不耐旱，土温变化较快，但耕作起来比较容易；沙质土壤中有机质分解快、积累下来的比较少，导致土壤保肥性差，各种养分都比较贫乏。

代，迄今为止已有2.8亿年的历史。至侏罗纪的时候，苏铁植物已遍及全球，成为恐龙的主要食物，被地质学家誉为"植物活化石"。

苏铁是一种优美的观赏树种，株形美丽、叶片柔韧、较为耐荫，栽培极为普遍，既可室外摆放，又可室内观赏。

苏铁的茎内含淀粉，可供食用，其种子含油和丰富的淀粉，有微毒，供食用和药用，有治痢疾、止咳和止血之效。

苏铁又名凤尾蕉、避火蕉、金代、铁树等。在民间，"铁树"这个名称用得较多，一说是因其木质密度大，入水即沉，沉重如铁而得名；另一说因其生长需要大量铁元素，即使是衰败垂死的苏铁，只要用铁钉钉入其主干内，就可起死回生，重复生机，故而才有铁树这个名字。

苏铁对研究植物区系、植物地理、古气候、古地理及冰川都有重要的意义。有关部门对苏铁采取了一些保护措施，建立了苏铁专项自然保护区，严禁挖掘植株。还进行了繁殖研究，不断满足绿化需要。

阅读链接

宋朝大词人苏东坡由于得罪了朝中奸臣，被贬谪到海南岛。奸臣听到后高兴地说："要想从海南岛回来，除非铁树开花。"

苏东坡到了海南，当地人都非常敬重他。

有一天，一位老者送了一棵盆栽给他。老者告诉他，传说金凤凰不屈淫威而被活活烧死，变成了此树。

苏东坡这才明白老人的用意，他说："我东坡行得正，立得直，就像铁树一样，何惧奸臣诬陷？"

从此，苏东坡常替铁树施肥浇水。有一天，铁树竟然奇迹般地开花了。不久，他便收到了让他回京的旨令。

苏东坡离开海南时，把铁树带回了中原。自此以后，铁树才在北方繁衍起来。因为这棵铁树是苏东坡带回来的，所以人们就称它为"苏铁"。

高级进化
被子植物

被子植物又名绿色开花植物，它拥有真正的花，这些美丽的花正是它们繁殖后代的重要器官，也是区别于裸子植物及其他植物的显著特征。被子植物是植物界最高级的一类，也是地球上最完善、适应能力最强、出现得最晚的植物。

我国被子植物类型丰富，有2700多属，约30000种，属、种数目分别占世界被子植物的30％、10％。但是由于各种原因，我国约有4000多种植物处于濒危的边缘，有的已经灭绝，因此我们需要加强对它们的保护。

第一梅——银缕梅

相传在很久以前，黄尾镇山上的一个小村子里住着一对相依为命的母子。因为儿子是在一棵"野木瓜"树下出生的，所以母亲就为他取名"木瓜"。

日子一天天地过去，木瓜渐渐地长大了，长成了一个勤劳的小伙子，他从小就对母亲极为孝顺。母亲身体不好，常年有病，幸运的是，她每次犯病的时候都能用野木瓜治好。

银缕梅

在一个风雨交加的夜晚，母亲的老毛病又犯了。木瓜想去找些野木瓜为母亲治病。可是野木瓜一般都生长在悬崖上，即使是晴朗的白天去摘都要小心翼翼，更不要说在这刮风下雨的夜晚了。

■ 银缕梅的枝叶

母亲极力劝阻儿子,不让他去。但木瓜看到母亲痛苦的样子,心中不忍,执意要去。他安慰母亲说:"我会很小心的,您就放心地在家等着我吧,不会有事的。"

木瓜走后,雨越下越大,丝毫没有停止的意思。母亲焦灼不安地等着,可最终等来的却是一个让人悲痛欲绝的消息:那天晚上风大雨大,木瓜在摘野木瓜时,一失足掉到悬崖下面了。

悲痛欲绝的母亲无法接受这个晴天霹雳一样的噩耗,她不相信那善良孝顺、朝夕相处的儿子从此再也回不来了。

后来,这位可怜的母亲,每天都会拄着拐杖颤巍巍地到村头去张望,固执地等着心爱的木瓜一脸阳光地从远方走过来。

一天又一天,一年又一年,最终老人倒在村头日夜守望的地方,再也没有起来。村里人为了纪念这对苦命的母子,就把村子更名为"木瓜村"。

故事中的野木瓜又称作"单氏木",它的学名也被称作"银缕梅"。

黄尾镇 位于安徽省安庆市岳西县北部,是大别山北坡深山腹地的一个小镇,总面积达103平方千米。但由于这里自古以来地广人稀,森林未被过度采伐,青山长在,绿水长流,四季分明,气候宜人,各种动植物自由地生长、繁衍。

拐杖 我国神话传说中,夸父在逐日过程中,因口渴而死,他的手杖后来化为了桃树林。在我国的京剧中,年岁大的老人常用一种皇帝赐的龙头拐杖,象征着特殊的权势和地位。

■ 银缕梅花朵

它是被子植物最古老的物种，为落叶灌木或小乔木，高四五米，树态婆娑，枝叶繁茂，先花后叶。银缕梅让人惊奇的是，它有花而无花瓣，因花白色，与它的"姐妹"植物金缕梅形成对照而得名。

银缕梅开花极为难见，约三五年开一次花。在3月中旬开花，花先是淡绿色，然后转为白色。

花药黄色带红，花朵先朝上，盛开后下垂。从远处看满树金灿灿，从近处看银丝缕缕，满树艳丽的花丝给大地回春增添了新意。

10月，银缕梅叶片由绿变黄、由泛红变紫，更为奇特，惹人喜爱。

银缕梅对生长条件要求极高，分布范围狭窄。在安徽省黄尾镇境内发现了826棵野生银缕梅，这次成片发现实属罕见。后来，技术人员在安徽省河图首次发现野生银缕梅54棵，胸径从1厘米至27厘米不等，分布于海拔400米至480米的向阳阔叶林中，呈4小片块状分布，部分植株已开花。

银缕梅喜光，耐旱，耐瘠薄。有关部门在保护的前提下加快了它的繁殖利用。银缕梅喜干燥不宜多浇水，在生长期需一再追肥。可播种与扦插繁殖，用湿

河图 传说中伏羲通过龙马身上的图案与自己的观察，画出的"八卦"，而龙马身上的图案就叫作"河图"。传说夏禹治水时，洛水出了个神龟，背上刻有文字，大禹就照此写出了治国的九种大法《洪范·九畴》。河图、洛书是东方宝典，是中华文明之源。

沙层积贮藏，种子发芽率可达40%以上。

银缕梅属第三纪孑遗植物，与恐龙同时代，被称为"被子植物活化石"。科学家在两亿年前的古生代石炭纪化石中就发现了地球上已经有裸子植物。

同样，在距今6700万年前的中生代白垩纪化石中，出现了金缕梅科植物，随后新生代第三纪，全球气候温和，演化出千万种被子植物物种。

银缕梅仅分布在江苏省宜兴、安徽省金寨和浙江省安吉龙王山的狭窄地域，有少量野生植株，已经濒于灭绝亟待抢救保护。它的发现，使我国成为世界上唯一具备金缕梅科所有各亚科和各种属的地区。

银缕梅早春3月开花，这些色泽艳丽的花丝点缀着刚刚到来的春天。金秋10月，树叶颜色的变化也非常吸引人。其间，树态婆娑，枝叶繁茂，花容美丽，极具观赏性，在植物学界素有"万古第一梅"和"恐龙赏过的梅"的美誉。

银缕梅属国家一级保护植物，被列入国家重点保护的濒危植物名录。银缕梅和裸子植物银杏、水杉一样，是仅存我国再发现的活化石树种。银缕梅和金缕梅形态极为相似，这对研究东亚与北美植物的亲缘关系也具有非常重要的意义。

银缕梅树姿古朴，

金寨 位于安徽省境内。其历史悠久，在5000年前即有人类活动，县境在尧时为我国"五帝"之首少昊后裔皋陶的封地。在其境内的史河流域一带有高庙、小磨盘山、黄泥滩、古佛堂、响山寺、马鬃岭、金刚台、千佛庵、金寨天马等遗址。

■ 银缕梅籽实

银缕梅叶片

干形苍劲,春观花、秋观叶,是春夏秋冬四季均有明显季相变化的优良树种,因此,它可作为公园、庭院配置的优良珍稀品种。

银缕梅的木材非常坚硬,观赏价值也比较高,材质坚硬,纹理通直,结构细密,切面光滑、浅褐色、有光泽,可做细木工、工艺品、家具等。

阅读链接

金缕梅和银缕梅同为金缕梅科金缕梅属植物,其形也很相似,最初人们将它们误认为是一个种。不过,后来人们发现银缕梅的花器没有花瓣。

金缕梅的花有4瓣,向外托出,像4条玲珑的金丝一样。在同一枝丫上开的花,可能并有雌蕊和雄蕊。即在北方的树林已经是遍地冰雪时,这种花还会有几朵兀自挺立枝头,不落不坠。

金缕梅,落叶小乔木,高约10米。嫩枝及顶芽密生灰黄色星状绒毛,叶互生,宽倒卵圆形,叶形美丽。在每年的2月前后先叶开放,花数朵簇生叶腋,色金黄,花瓣如缕近似蜡梅,故称为"金缕梅"。

茶族皇后——金花茶

传说，王母娘娘曾经派茶仙陆羽到十万大山的白石牙山培育仙茶，但一次次种下的茶籽都不翼而飞。

经多次探察才发现，这都是一条成了精的、周身黄黄绿绿的金花蛇造孽的缘故，它把陆羽种下的茶籽都抠出来吃掉了。

陆羽非常气愤，立即挥起王母娘娘给他的驱云鞭向金花蛇抽去，猝不及防的金花蛇刚好被神鞭抽中身上7寸，痛得腾空打滚，只好挣扎着向海边逃去，但最终还是跌落到十万大山南麓的密林里，一命呜呼了。

金花茶的花朵

■ 金花茶花枝

金花蛇死后，那茶籽在蛇肚里孕育了一段时间便发了芽。茶芽撑破了金花蛇腐烂的尸体，之后又被适时而下的暴雨一冲，便散布在山坡上，并落地生根，长成一棵棵异样的茶树。

茶树经历了几度春风夏雨，又繁衍成了一片片茶树林。也许是因为受金花蛇颜色所影响，这些茶树所开的茶花也非常奇特，不仅硕大无比，而且颜色金黄耀目，当时的人们根据它的花色，便叫它为金花茶。

这金花茶不单色香味与众不同，据说，它还具长生不老的特异功效。

当年，大山里有个叫廖三宝的看牛娃，他为了能跟随山中的仙人学仙修道，便把所看管的大牦牛拴在了茶林里，之后廖三宝就一去不回头了。

被拴着的牦牛饿得十分难受。正好牦牛身边有一个石槽，无论天多干旱，这个石槽长年都有泉水汩汩流出，一直都有飘落的茶叶、茶花浸泡在石槽里，散发出香气。那牦牛吃不到青草，只好喝石槽里的"茶水"充饥。

由于牦牛只喝水，自然也就只撒尿，喝得越勤，撒得越多，久而久之，黄澄澄的牛尿渗流遍山坡茶林间，便成了茶林的特效肥。石槽的茶水滋养了牦牛，

长生不老 长生指永远生存或永远存在的生命，后来被用作对年长者的祝愿语。在道教中，长生不老是仙人的标志，我国古代的秦始皇、汉武帝等都曾服用方士炼制的"长生不老药"，但均以失败而告终。在我国神话中，后羿的妻子嫦娥，因偷食后羿自西王母处所盗得的不死药飞上了天，居住在月宫之中。

而牦牛的尿又肥沃了茶树。

　　这使茶树生得更粗更壮，茶叶更大更绿，茶花更是金瓣玉蕊，晶莹光洁，蜡质透亮，点缀于玉叶琼枝间，风姿绰约，美轮美奂，人见人爱。

　　那头水牛即使不吃青草，只喝茶水也不会饿，而且反能长膘，后来成了长生不老的神牛。

　　金花茶属于山茶科山茶属灌木，与茶、山茶、南山茶、油茶、茶梅等为孪生姐妹。高两三米，嫩枝无毛。金花茶枝条疏松，树皮呈淡灰黄色。

　　金花茶的叶如皮革般厚实，呈长圆形、披针形或倒披针形，长11厘米至16厘米，宽2.5厘米至4.5厘米。叶先端尾状渐尖，叶边缘微微向背面翻卷，有细

> **修道** 修道是古人希望长生明理，通过对生命理解和平常对自己身体的观察，总结出的修炼方法。古代道家通过修道方式，追求长生不死与天地同在；佛家中，通过修道，实现了生脱死，断除使众生痛苦的轮回，最终实现不生不死的涅槃境界，最终升天变为虚无。

■ 盛开的金花茶

■ 茂盛的金花茶

细的质硬的锯齿，齿刻相隔一两毫米。

基部呈楔形，上面呈深绿色，发亮，无毛，下面呈浅绿色，无毛，有黑腺点。叶中脉及侧脉7对，在上面陷下，在下面突起，叶柄长0.7厘米至1.1厘米，无毛。

金花茶的花呈黄色，单生于叶腋，花柄长0.7厘米至1厘米。苞片5片，散生，阔卵形，长两三毫米，宽三五毫米。

金花茶的花有萼片5片，呈卵圆形至圆形，长4毫米至8毫米，宽7毫米至8毫米，基部略连生，先端圆，背面略有微毛。

金花茶的花有8片至12片花瓣，近圆形，长1.5厘米至3厘米，宽1.2厘米至2厘米，基部略相连生，边缘有睫毛。雄蕊排成4轮，外轮与花瓣略相连生，花丝近离生或稍连合，无毛，长1.2厘米。

子房无毛，三四室，花柱三四条，无毛，长1.8厘米。

金花茶的花耀眼夺目，仿佛涂着一层蜡，晶莹而油润，似有半透明之感。花开时，有杯状的、壶状的、碗状的和盘状等，形态多样，秀丽雅致，故被人们誉为"茶族皇后"。

金花茶四五月开始萌叶芽，两三年以后脱落。11

蒴果 一种成熟后裂开的干果。一种由合心皮的复雌蕊发育而成的果实，子房一室或多室，每室含种子多数。蒴果植物包括有：马拉巴栗、串钱柳、野牡丹、尤加利、台湾栾树、九芎、大花紫薇、杜鹃花、日日樱、黄槿、月桃、木芙蓉、秋海棠、木棉等。

月开始开花,花期很长,可延续至第二年3月。

金花茶的蒴果呈扁三角球形,长3.5厘米,宽4.5厘米,3片裂开,果片厚0.4厘米至0.7厘米,中轴三或四角形,先端三四裂。果柄长1厘米,有宿存苞片及萼片;种子6粒至8粒,长约2厘米。

金花茶是一种古老的植物,极为罕见,自然分布范围极其狭窄,仅分布于广西壮族自治区防城港的兰山支脉一带,生长于海拔700米以下,以海拔200米至500米之间较常见。

金花茶与银杉、杪椤、珙桐等珍贵的"植物活化石"齐名,是国家一级保护植物之一,属濒危野生植物种,被称为"神奇的东方魔茶"。在广西壮族自治区宁明的陶大山仍可见到个别小瓣金花茶,数量极少,是世界上稀有的珍贵植物。

在广西壮族自治区南宁一带也发现了一种金黄色花茶,它的发现轰动了全球的园艺界、新闻界,受了国内外园艺学家的高度重视。它是培育金黄色山茶花品种最优良的原始材料。

金花茶喜欢温暖湿润气候,多生长在土壤疏松、排水良好的阴坡溪沟处,常常和买麻藤、藤金合欢、刺果藤、楠木、鹅掌楸等植物共同生活在一起。

金花茶对土壤要求不高,微

> **买麻藤** 又名倪藤。多为缠绕性、攀缘性或上升性木质大藤本;茎枝具节,节膨大成关节状,原生木质部由管胞组成,次生木质部中具导管。单叶对生,有柄,无托叶,叶片革质,具羽脉与网脉,与双子叶植物的叶极为相似。买麻藤属植物生于热带雨林和季雨林,在亚洲南部可超越北回归线达中亚热带地区。

■ 金花茶

金花茶厚实的叶片

酸性至中性土壤中均可生长，也喜欢排水良好的酸性土壤。苗期喜荫蔽，进入花期后，喜透射阳光。耐瘠薄，也喜肥，耐涝力强。

为了使金花茶繁衍生息，有关部门正在通力合作进行杂交选育试验，以培育出更加优良的品种。在昆明、杭州、上海等地已引种栽培。

金花茶还有较高的经济价值。其木材质地坚硬，结构致密，可雕刻精美的工艺品及其他器具。

其花除作为观赏外，还可入药，可治便血和妇女月经过多，也可作为食用染料。金花茶的叶除泡茶作为饮料外，也有药用价值，可治痢疾和用于外洗烂疮。

阅读链接

千百年来，山茶花有红、粉及白色，唯独少了金黄色山茶花的身影。自古就有的"茶花金色天下贵"之说，黄色山茶花到底存不存在？这个疑问扑朔迷离了千年之久，也迷惑了广大的花卉爱好者。

明代药圣李时珍穷搜博采，毕其一生未能找到黄色山茶。其在年迈之时，满怀遗憾地在《本草纲目》中写道：山茶产南方……又有一捻红、千叶红、千叶白等名，或云亦有黄色者。

明代《花史》中对山茶花品种进行了描写和分类：山茶花花色丰富多彩，有红、粉、桃红、黄、白、黑红和变化极多的复色，唯独黄色罕见……

从来没有这样一种植物让人们为之疯狂数百年。

金玉之花——玉叶金花

异形玉叶金花因其明亮的花色、独特的叶片,备受人们的喜爱。其珍稀变种"五玉连环"更是价值连城。

诗人杨万里在广西采风时,偶然间看到一盆"五玉连环",惊奇

■ 玉叶金花

石城 江西著名风景区，境内古代遗址很多。主要景点有龙岩摩崖石刻、日山普照禅寺、九寨温泉、沔坊温泉、烧水湖温泉等。江右文化遗迹主要有：宋宝福院塔、小松杨村亭式坊、清永宁廊式古桥、古驿道闽粤通衢、客家民居，以及江西灯彩、擂茶、宴酒、哭嫁、赛龙舟等风俗。

不已，对其爱不释手，随后就赋诗两首：

金玉之花

绿叶本应翡翠种，却似和田舞风中。
花开已成富贵局，怎奈还比黄金蕊。

风中玉

金桂树下觅幽香，一藤牵出花万朵。
暖风掀起白帆动，疑是琼珉风中飘。

异形玉叶金花为攀援灌木，其小枝呈灰褐色，被有贴伏疏柔毛，皮孔明显。

玉叶金花的叶对生，薄纸质，呈椭圆形至椭圆状卵形，长13厘米至17厘米，宽7.5厘米至11.5厘米，先端渐尖，基部楔形，两面散生短柔毛，侧脉8对至10对，十分美观。

叶柄长2厘米至2.5厘米，稍有短柔毛，托叶早落。玉叶金花的顶生聚伞花序，长约6厘米，被近贴伏的短柔毛。

苞片早落，小苞片披针形，长约1厘米，凋落。花梗长两三毫米，萼筒长约5毫米，裂片5，扩大呈花瓣状，白色，长2厘米至4厘米，宽1.5厘米至2.5厘米，边缘和脉络具毛。

花冠管长约1.2厘米，

■ 粉色玉叶金花

直径约0.4厘米，上部扩大，外面密被伏贴短柔毛，内面上部被硫黄色短柔毛或粉末状小点。

异形玉叶金花分布区属于中亚热带南缘的湿润季风气候区，年平均温度15.6摄氏度至18.3摄氏度，年降水量1194毫米至1354毫米，垂直分布海拔600米至1200米。

玉叶金花适宜的土壤为黄壤，在茂兰则为黑色石灰土。该种一般分布在山体下部土层深厚、湿润、排水良好地段，坡度20度至60度。攀援在中下层乔木树干之上，茂密的森林或灌丛中都比较少见。

异形玉叶金花喜光，多生长在光照充足的次生林缘、路边及农地周围；在密林下或较大的灌木丛中少见分布，偶有植株表现很纤弱；小枝常攀缘在其他小乔木上借以获得阳光的普照。

异形玉叶金花也喜欢水温，不耐干瘠。萌生性强，受到砍伐后萌发的植株枝干枝繁叶茂。花期七八月，果实10月成熟。种子自然更新能力较差，在分布区内很少见实生幼苗幼树，并且果实多受虫害侵害。

异形玉叶金花是濒危物种，在我国仅见于广西壮

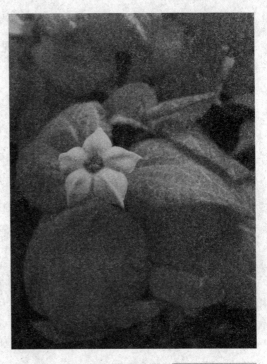

■ 粉色玉叶金花

岩洞 位于贵州省黎平，是侗族大歌的原生地，又是独柱鼓楼的故乡。侗寨古朴的木质结构民居、寨门、戏台、花桥、鼓楼浑然一体，构成一幅幅独特的"民族风情画"。悠久的侗族文化遗产有"述洞独柱鼓楼""竹坪青石桥""竹坪款禁碑""万麻墓"、青石板水井和青石凿成的瓢井等。

族自治区大瑶山及贵州省东南部的黎平岩洞等局部极其狭窄地区。在江西省石城赣江源国家自然保护区有发现该树种，数量极少。在广东省陆丰也有少量分布。

异形玉叶金花几乎都分布在阳光和土壤条件较优越的山体下部农地，路边或村寨周围，该种生态幅较狭窄，对环境条件要求较为苛刻，致使分布区不连续，面积也很小，十分稀少。

我国已将大瑶山划为自然保护区，进行了广泛调查，力求弄清该物种是否已经灭绝，一旦发现，注意保护，并引种栽培。在陆丰的异形玉叶金花等以珍稀植物种类形成单种群的地段，划定了生态保护点，并禁止采伐。

有关部门也出台了多个相应的措施扶持药农栽培。玉叶金花以其具有其他农作物所无法比拟的高附加值，及在防止水土流失、增加绿化面积等方面的社会价值，已经成为当地的一大支柱产业，也为更多的患者带去了健康。

阅读链接

玉叶金花的藤与根可以入药，对预防流感和肠胃疾病效果显著。对于茶农来说，玉叶金花就好比黄金、美玉。每至夏季，茶农还有采摘玉叶金花熬制防暑、解毒凉茶的习惯。

相传在明代，著名的抗倭将领戚继光刚刚调任福建时，在当地招募、训练军队，奈何当地部队的士兵体质不太理想，训练效果十分差强人意，部队难堪大用。

当朝宰相张居正与戚继光私交甚好，于是嘱咐太医院代为设法。在机缘巧合下，太医院选用了当时还名不见经传的李时珍所拟的一个含有金花茶的茶方。

此茶方一洗积弱，成就了骁勇善战、名载史册的"戚家军"，也成就了福建沿海数十年的和平、安定局面。此后，"戚家军"所饮用的"玉叶金花茶"也从军中流传了下来。

传奇神药——人参

相传在很久以前，山东有座云梦山，山上有座云梦寺，寺里有两个和尚，一师一徒，师父无心在山里烧香念佛，经常下山与朋友吃喝玩乐。

平时，师父对小徒弟百般刁难，小徒弟被师父折磨得面黄肌瘦。

有一天，师父又下山会友去了，小徒弟正在寺里干活，不知从哪里跑来的一个红肚兜小孩帮小和尚做事，从此，只要师父一出门，红肚兜小孩就来帮小和尚，师父一回来，红

野生人参

人参

肚兜小孩就不见了。

日子久了，师父见小徒弟不仅脸色红润了，而且无论多繁重的活也能干完，就感到奇怪。心想，这里一定有什么奥妙。他把小徒弟叫来盘问，出于无奈，小和尚只好说出了实情。

师父心里思忖，这深山僻林的，哪来的红肚兜小孩？莫非是神草棒槌？

他从箱子里取出一根红线，穿上针递给小徒弟并交代他，等红肚兜小孩来玩时就悄悄地把针别在他的红肚兜上。说完师父又下山了，徒弟本想把实情告诉红肚兜小孩，可是又怕师父责骂，只得趁小孩回家的时候把针别在小孩的红肚兜上。

第二天清晨，师父把小徒弟锁在家里，拿着镐头，顺着红线找到老红松旁边，看到那根针插在一棵棒槌苗子上，他高兴极了，举镐就刨，挖出了一个"参童"。

之后，师父拿到寺里把参童放进锅里，加上盖子，压上石头，然后叫小徒弟生火烧煮。偏巧这个时候，师父的朋友又来找师父下山玩，师父推辞不掉，临走时千叮万嘱："我不回来，不准揭锅。"

师父走后，锅里不断地喷出异常的香气，小徒弟出于好奇，不顾师父的叮嘱，揭开了锅。原来锅里煮着一根大棒槌，香气扑鼻。小和尚掐了一块觉得很好吃，于是就干脆吃光了，连汤也喝个精光。

就在这时,师父急急忙忙地赶回来了,小徒弟急忙就往外跑,在院里刚跑了两步,顿时悠然地腾空而去。师父一看,便知道参童被小徒弟吃了,真是后悔莫及。

原来,红肚兜小孩是那个人参变的,在老红松树下长着一对人参。

自从参童被老和尚挖走后,剩下的那个人参就整日对着老红松哭哭啼啼,老红松说:"孩子,别哭了,我带你到关东去吧,那里人烟稀少,我可以永远保护你。"

人参不哭了,跟着老红松到关东深山老林去了,就在长白山安家落户,从此以后,关内人参日渐消减,而长白山的人参却越来越多了。

关于人参,还有这样一个传说:

炎帝、黄帝都是杰出的领袖,然而一山不容二虎,炎黄二帝统治的部落之间为了扩大自己的势力冲突不断。终于,炎、黄二帝决定在阪泉进行一次最后的交战。双方军队士气高涨、斗志昂扬、整装待发,一场前所未有的大决战即将拉开序幕。

然而当时黄帝深知自己部落的实力不是炎帝的对手,他得知我国东北方有神药,此物可以起死回生,使人服后热血沸腾,可以增加军队的战斗力。黄帝便暗中派

关东 指函谷关以东。函谷关在河南灵宝王垛村,东起崤山,西至潼津,从西周以来便是沟通关东、关中的门户,乃兵家必争之地。后在山海关建城堡一座,山海关扼东北与中原之咽喉,东北一带因此被称为"关东"。山海关以内,俗称"关里"。有史以来山海关以内地区的百姓出关谋生,都称"闯关东"。

■ 多年生人参

■奇妙的人参

人日夜兼程前往东北，方求得此药。

黄帝见到此药后不禁大喜，它长得酷似人形，根须特别茂盛，于是黄帝便将其取名为"人参"。

后来，双方军队发生了战争，士兵如蚁相拥，打成一片，矢石如雨。在最后一个回合，黄帝终于不敌炎帝，被其围困在山顶，黄帝情急之中取出人参让各将士服下，意想不到的事发生了。

果然是神药，将士们在服下人参后没多久，仿佛获得了新生，个个精神抖擞，斗志昂扬。黄帝遂率军队突出重围，进行反击。胜利在望的炎帝被这突如其来的变故惊呆了，强大的反扑让炎帝难以招架。

最终，经过3个回合的激战，黄帝借助人参的神奇力量打败了炎帝。

由此，中华民族实现了第一次大统一，开启了中华文明的历史。而人参也被人们广泛应用，一直流传至今。

人参是五加科多年生草本植物，它的茎高约50厘米，有轮生掌状复叶。茎单生，直立，先端渐尖，边缘有细尖锯齿，上面沿中脉疏被刚毛。根状茎短，上有茎痕和芽苞。主根肉质，呈圆柱形或纺锤形，须根细长。

人参的伞顶花序单个顶生,花呈菩钟形,具5齿。有5个花瓣,淡黄绿色。花丝短,花药呈球形。子房下位,有两室,花柱1个,柱头两裂。浆果状核果呈扁球形或肾形,成熟时鲜红色;有黄白色种子两个,呈扁圆形。

人参多生长在北纬40度至45度之间,耐寒性强,可耐零下40摄氏度低温,生长适宜温度为15摄氏度至25摄氏度,年积温2000摄氏度至3000摄氏度,无霜期125天至150天,积雪20厘米至44厘米,年降水量500毫米至1000毫米。

人参对土壤要求十分严格,适宜生长的土壤为排水良好、疏松、肥沃、空气湿润凉爽、腐殖质层深厚的棕色森林土或山地灰化棕色森林土。

野生人参对生长环境要求比较高,多生长在长白山海拔500米至1000米的针阔混交林或落叶阔叶林里,通常3年开花,五六年结果,花期五六个月,果期6至9个月。每年七八月正是人参开花的季节,开紫白色的小花,十分引人喜爱。

野山参在深山里生长很

矢石 箭和垒石,我国古时守城的武器。我国古代人称箭为"矢"。最早的矢很简单,用一根树棍或竹竿,截成一定长度的箭杆,在一端削尖就是箭。为了较准确地命中目标,必须把握住箭在飞行中的方向,于是人们在箭杆的尾部装上羽毛,使箭的形制趋于完善。

■池底参

■ 长白山人参

东北三宝 我国东北地区的三种土特产，东北三宝，有新旧两种：新三宝是：人参、貂皮、鹿茸角。旧三宝是：人参、貂皮、靰鞡草。具体地说，"人参、貂皮、鹿茸角"是富人、官家的说法，"人参、貂皮、靰鞡草"是穷人的说法。因为东北天气酷寒，穷人老百姓把靰鞡草填在鞋子里，能保证脚不被冻坏，所以靰鞡草是穷人的宝。

慢，60年至100年的山参，其根也只有几十克重。吉林省抚松县农民曾经在长白山采到一棵"参王"重305克，估计已在地下生长了500年。这棵"参王"是我国目前采到的最大的山参，已作为"国宝"被国家收购保存。

人参由于根部肥大，形若纺锤，常有分叉，全貌颇似人的头、手、足和四肢，故而得名。人参又称为"黄精""地精""神草"。

自古以来拥有"百草之王"的美誉，是闻名遐迩的"东北三宝"之一，是驰名中外、老幼皆知的名贵药材。

几千年来，在中草药中，人参都被列为上品。人参之所以很稀奇、很名贵，主要与它的药用价值有关。在我国的医书《神农本草经》中，人参有"补五脏、安精神、定魂魄、止惊悸、除邪气、明目、开心益智"的功效，"久服轻身延年"。

李时珍在《本草纲目》中也对人参极为推崇，认为它能"治男妇一切虚证"。

人参含多种皂苷和多糖成分，人参的浸出液可被皮肤缓慢吸收，对皮肤没有任何的不良刺激。

能扩张皮肤毛细血管，促进皮肤血液循环，增加皮肤营养，调节皮肤的水油平衡，防止皮肤脱水、硬化、起皱，长期坚持使用含人参的产品，能增强皮肤弹性，使细胞获得新生。

人参为濒危物种，是第三纪孑遗植物，长期以来，由于过度采挖，资源枯竭，人参赖以生存的森林生态环境遭到严重破坏。以山西五加科"上党参"为代表的中原产区等地的人参早已绝灭，有的处于濒临绝灭的边缘，因此，保护本种的自然资源有其重要的意义。

人参已被列为国家珍稀濒危保护植物，对长白山等自然保护区已进行了保护。其他分布区也加强了保护，严禁采挖，使人参资源逐渐恢复和增加。东北三省已广泛栽培，近来河北、山西、陕西、湖南、湖北、广西、四川、云南等省区均有引种。

《本草纲目》明朝伟大的医药学家李时珍为修改古代医书中的错误而编的中医中药著作。全书共190多万字，载有药物1892种，收集医方11096个，绘制精美插图1160幅，分为16部、60类。是作者在继承和总结以前本草学成就的基础上，结合作者长期学习、采访所积累的大量药学知识，经过实践和钻研，历时数十年而编成的一部巨著。

阅读链接

关于人参的命名，还有这样一个传说。

传说，有两兄弟深秋时进山打猎，打了不少野物。后来，天开始下雪，很快就大雪封山了。兄弟俩只好躲进一个山洞里，他们除了烧吃野物，还到洞旁挖些野生植物充饥。

有一天，他们发现一种外表很像人形的东西味道很甜，便挖了许多当水果吃。不久，他们发觉，这水果虽然吃了浑身有劲，但多吃会出鼻血。为此，他们每天只吃一点点，不敢多吃。

冬去春来，冰雪消融，兄弟俩高兴地回家了。村里人见他们活得好好的，又白又胖，感到很奇怪，就问他们在山里吃了些什么。

他们讲了自己的经历后，把带回来的植物根块给大家看。村民们一看，这东西很像人，却不知道它叫什么名字，有个长者笑着说："它长得像人，你们多亏它相助才得以生还，就叫它'人生'吧！"后来，人们就把"人生"改叫"人参"了。

一根草——独叶草

从前，有一个美丽的藏族姑娘，她为了等自己远行的爱人，天天来到神女峰上等待。后来，姑娘的爱人死了，她在得知这个消息之后就化成了一颗孤独的小草，后来，人们叫这种草为"独叶草"。

■茂密的独叶草

独叶草是毛茛科多年生草本，无毛。根状茎细长，分枝，生多数不定根；种子呈白色，扁椭圆形，长3毫米至3.5毫米。

独叶草的地上部分高约10厘米，小草的地下是细长分枝的根状茎，茎上长着许多鳞片和不定根，叶和花的长柄就着生在根状茎的节上。

■ 独叶草的叶

独叶草花的直径约为9毫米，两性，辐射对称，无特殊气味。其花部结构由外而内依次为花被片、不育雄蕊、可育雄蕊和雌蕊群。

其花被片呈淡绿色，长约3毫米，宽约2毫米；不育雄蕊的头部膨大，其腹面具凹槽，凹槽的表皮细胞可分泌蜜液；可育雄蕊的花药开裂前为鲜艳的紫红色，开裂后露出白色花粉。

独叶草的花期一般为3月底至4月中旬，历时15天至20天。

根据蜜汁在整个花期中的分泌情况，可分为4个时期：分泌前期，为花开放后一两天，花药均未开裂，不育雄蕊表面干燥。

旺盛期，为花开放后的第三天至第八天，花药陆续开裂，蜜汁分泌旺盛，不育雄蕊腹面可见透明液滴。湿润期，为花开放后的第九至第十五天，多数花

神女峰 又名望霞峰、美人峰，是巫山十二峰之最。在巫峡大江北岸，有一根巨石突兀于青峰云霞之中，宛若一个亭亭玉立、美丽动人的少女。传说巫山神女瑶姬曾经居住在这儿，故名神女峰。古人认为神女峰是神秘东方最多情、最多梦的一块石头，神女是胸怀博大的护估之神。

■ 草丛中的独叶草

药开裂后，蜜汁分泌量明显减少，不育雄蕊仅表面湿润。

干涸期，为花开放后的半个月后，花期即将结束时，那时，散粉完毕，蜜汁便停止分泌，不育雄蕊表面干燥。

独叶草生长在海拔2750米至975米的高山原始森林中，生长环境寒冷、潮湿，十分隐蔽，土壤偏酸性。分布区海拔较高，气候寒冷，多数产地每年有一半以上的时间处于零摄氏度以下，夏季最高气温只达20摄氏度左右。

土壤为腐殖质土，通气性较好，偏酸性，厚度为10厘米以下。独叶草生于林下，光照微弱，空气和土壤的湿度大。一般多在糙皮桦树下。

独叶草是我国特有的小草，零星分布在陕西太白、眉县、洋县，甘肃迭部、舟曲、文县，四川马尔

太白 县名，地处秦岭腹地，因秦岭主峰太白山而得名，素有"小江南"之美称。太白山奇峰林立、山势峥嵘，是研究第四纪冰川最好的天然博物馆。一个个高山湖泊，碧波荡漾，湖光山色，令人陶醉。这些冰蚀湖自古就有"太白池光""高山明珠"之称，被列为太白山八景之一。

康、茂汶、金川、南坪、泸定、松潘、峨眉山及云南德钦等地。生于海拔2.2千米至3.9千米地带的亚高山至高山针叶林和针阔混交林下。

由于独叶草生长于亚高山至高山原始林下和荫蔽、潮湿、腐殖质层深厚的环境中，种子大多不能成熟，主要依靠根状茎繁殖，天然更新能力差。加之人为破坏森林植被和采挖，使其植株数量逐渐减少，自然分布日益缩小。

独叶草属环境依赖型植物，其适应的环境范围狭小，仅生存于中高山地区的针叶林或阔叶林中，要求凉湿气候和腐殖质深厚的土壤，迁地保护比较困难。

在目前条件下，人们尽可能地减少了人为干扰，保护独叶草生存的环境，也特别注重对牛皮桦、巴山冷杉和太白红杉群落的保护，为独叶草种群的生存与扩展创造条件。

影响独叶草种群生长发育的环境因素主要是光照、气温、空气湿度、土壤pH值、土壤水分、群落盖

峨眉山 位于四川，地势陡峭，风景秀丽，有"秀甲天下"之美誉。是我国四大佛教名山之一，佛事频繁。峨眉山上的佳景有"金顶祥光""象池月夜""九老仙府""洪椿晓雨""白水秋风""双桥清音""大坪霁雪""灵岩叠翠""罗峰晴云""圣积晚钟"等。

■ 嫩绿的独叶草

度、腐殖质厚度等自然因素。

独叶草种群生长发育较适宜的生长环境是海拔2.7千米至2.9千米巴山冷杉林内，人为干扰较少。而海拔2.5千米至2.7千米间的牛皮桦林下的土壤腐殖质层薄，人为干扰较多，独叶草个体寿命短，构件发育不够充分，已经表现出退化的现象。

海拔2.9千米至3.1千米太白红杉林的人为干扰虽然较少，但高海拔地区的严酷气候条件可能成为限制因素，独叶草构件生长发育介于前两个种群之间。

营养叶的脉序、根状茎和花被片等的形态解剖特征都有别于毛茛科的其他属，这种原始被子植物对研究被子植物的进化和毛茛科的系统发育有重要的科学意义。

在繁花似锦、枝繁叶茂的植物世界中，独叶草是最孤独的。论花，它只有一朵；数叶，它仅有一片，因此它还真是名副其实的"独花独叶一根草"。

它的叶脉是典型开放的二分叉脉序，这在毛茛科2000多种植物中是独一无二的，是一种原始的脉序。独叶草的花由被片、退化雄蕊、雌蕊和心皮构成，但花被片也是开放二叉分的，雌蕊的心皮在发育早期是开放的。这些构造都表明独叶草有着许

> 《伤寒论》 我国古代一部阐述外感及其杂病治疗规律的专著。由东汉末年张仲景撰于200年至205年。张仲景原著《伤寒杂病论》，在流传过程中，经后人整理编纂，将其中外感热病内容结集为《伤寒论》。全书共10卷，22篇，398法，药方113个。后世医家奉为经典。

■ 独叶草的花

多原始特征。

独叶草反映了距今6700万年前的喜马拉雅造山运动以前的古老植物区系分布情况。它不仅花孤叶单,而且结构独特而原始,对研究被子植物的进化和该科的系统发育有科学意义。因此,是研究我国生物多样性的一个关键物种。

独叶草心状圆形叶

因此,独叶草自从在云南的高山上被发现后,就引起国内外学者的兴趣。人们对独叶草的研究,可以为整个被子植物的进化进程提供新的资料。

独叶草又名细辛、化血丹,可散寒解表、祛风止痛、温肺化饮。用于素体阳虚,感冒风寒,症见恶寒发热、寒重热轻、身倦欲卧、风湿痹痛、肺寒咳喘等,在我国的医学古籍如《伤寒论》中有记载。

独叶草是我国特有的稀有濒危植物,已建立自然保护区,将其列为保护对象,并在分布集中地划出保护区。

阅读链接

据说,独叶草的科学命名是1914年,一个英国人为它命名的。而在我国,最早发现它的地方是在云南省滇藏交界的梅里雪山。

在我国,独叶草主要分布在3个非常孤立的地区。其中一个地区是秦岭太白山周围;第二个地区就从甘肃省的岷山开始,一直通过四川省的邛崃山系至峨眉山这个区域;第三个区域就是云南滇藏交界的地方,梅里雪山地。

鸽子树——珙桐

在2000多年前，我国汉朝有一位皇帝名叫刘奭，公元前33年，他把宫女王昭君，许给了南匈奴呼韩邪单于。

昭君出塞远嫁，就要从京城长安上路了。她坐在窗前，正在想念香溪的父老乡亲，忽然窗外白光一闪，飞进一只雪白的鸽子，轻轻落在昭君身边。

珙桐的枝叶

昭君一看，原来是自己在家时喂养的那只小白鸽"知音"。她高兴极了，连忙捧在手里问道："知音，你怎么找到这里来了？我可真想念你啊！"

知音说："姑娘，我也一直想念你。听说

■ 珙桐花开时白色的苞片

你要出塞去和亲,我飞了七天七夜,赶来与你同去,你答应吗?"

昭君一笑,微微点头。小白鸽知音就地一滚,化作一支小巧玲珑的白玉簪。昭君把它斜插在发髻上。

昭君到了匈奴,被封为宁胡阏氏,做了匈奴的王妃。一晃3年过去了,昭君生了一儿一女,生活得很幸福。

她还教给匈奴人编织刺绣、琴棋书画,深得大家敬重。昭君常常思念家乡,每天早晨要向南祝祷;逢年过节,要朝南3拜。

有一天夜里,昭君做了个梦,回到了故乡兴山宝坪,也就是湖北省秭归。她打水的楠木井,还是那样清清亮亮;她梳洗的梳妆台,还是那样清爽雅致;西荒垭的灯还是那样明;纱帽山的树还是那样青;只是二老爹娘头上的白发增多了,脸上的皱纹加深了。

昭君 姓王,与西施、杨玉环、貂蝉并称为我国的四大美女。她天生丽质,聪慧异常,擅弹琵琶,琴棋书画,无所不精。汉元帝为了与匈奴团结和好,让昭君嫁给匈奴呼韩邪单于做阏氏。从此,汉、匈两族国泰民安。

■ 珙桐的枝叶

阏氏 也称烟支、胭肢、焉支、燕支、阏支等，是汉时匈奴人妻或妾的称号。其原本是女性装扮用的胭脂的古称。匈奴人以女人美丽可爱如胭脂而得名。匈奴人称妻、妾为阏氏，称母亲则为"母阏氏"。

昭君一觉醒来，思乡之情深切，就写了一封平安家信。可是交通不便，关山隔阻，这封信怎么送回去呢？

这时，白鸽知音说话了："昭君阏氏，我给你把信送回去吧！"

昭君一听，真是高兴极了，只是感到山高路远，阴晴多变，知音身单力薄，能受得了吗？

她虽然没有说出来，但知音已经了解了她的心思，就说："你放心吧，我带领我的子孙一起飞，一定把你的平安家信带给宝坪亲人！"

昭君感动得眼含热泪，把家信给知音白鸽系好，又嘱托了一番，就送它们上路了。

一群白鸽，在知音的带领下，向南方飞来，一路上穿云雾，搏风雨，飞过了高山，飞过了大河，飞到距神农架不远的化龙山。

这一路，可把白鸽们累坏了，听说快到了昭君的故土了，就成群地落在树上休息。知音看到这番情景，就说："你们在这儿休息吧，我再向东南飞百十里，就从巴东越长江，把昭君的信送给亲人！"说完，就朝宝坪村飞去。

乡亲父老听说白鸽知音从塞外送回了昭君姑娘的

家信,个个喜出望外,东家请,西家接,想留知音在村子里歇息。后来,大家听知音说,它要回去找沿途在树上休息的白鸽,第二天就都赶来看望。

不料树上的鸽子,已经都变成了朵朵白花了。那些在化龙山来不及飞的鸽子也永远留在了树上。

从此以后,人们就把鸽子们停留休息的树称为"鸽子树",或者"鸽子花树"。而这种树的学名则被称为"珙桐"。

珙桐为落叶大乔木,高可达20米。树皮呈不规则薄片脱落。单叶互生,在短枝上簇生,叶纸质,宽卵形或近心形,先端渐尖,基部心形,边缘粗锯齿,叶柄长四五厘米,花杂性,由多数雄花和一朵两性花组成顶生头状花序。

花序下有两片白色总苞,纸质,椭圆状卵形,长

神农架 位于湖北省西部,有"华中屋脊"之称。神农顶雄踞"华中第一峰",风景垭名跻"神农第一景"。红坪峡谷、棕峡峡谷、关门河峡谷、阴峪河峡谷雄伟壮观;龙泉瀑、香溪河、大九湖风光绮丽;燕子洞、冷热洞、盘犀牛洞、潮水洞令人叫绝。

■珙桐碧绿的枝叶

坡积物 残积物经水流搬运，顺坡移动堆积而成的土。即雨雪水流的地质作用将高处岩石风化产物缓慢地洗刷剥蚀，顺着斜坡向下逐渐移动、沉积在较平缓的山坡上而形成的沉积物。其成分与坡上的残积土基本一致。由于地形的不同，其厚度变化大，新近堆积的坡积土，土质疏松，压缩性较高。它一般分布在坡腰上或坡脚下，其上部与残积物相接。

8厘米至15厘米，中部以下有锯齿，核果紫绿色，花期四五月，果熟期10月。

珙桐的花呈紫红色，由多数雄花与一朵两性花组成顶生的头状花序，宛如一个长着"眼睛"和"嘴巴"的鸽子脑袋，花序基部两片大而洁白的总苞，则像是白鸽的一对翅膀，黄绿色的柱头像鸽子的嘴喙。

当珙桐花开时，张张白色的总苞在绿叶中浮动，犹如千万只白鸽栖息在树梢枝头，振翅欲飞，并有象征和平的含义。

珙桐喜欢生长在海拔700米至1600米的深山云雾中，要求较大的空气湿度。它也喜欢生长在海拔1800米至2200米的山地林中，多生于空气阴湿处，喜中性或微酸性腐殖质深厚的土壤，在干燥多风、日光直射之处生长不良，不耐瘠薄，不耐干旱。

珙桐的幼苗生长缓慢，喜欢阴湿，而成年树则比

■ 珙桐

珙桐

较喜光。

珙桐分布在我国云贵高原北缘，横断山脉，秦巴山地及长江中游的中山地带。从地貌上看，多为丘陵，中山和高山峡谷地带。由于它们在水平及垂直分布上幅度较大，因此分布区的环境条件的差异也较大。

珙桐分布区的气候为凉爽湿润型，湿潮多雨，夏凉冬季较温和，年平均气温8.9摄氏度至15摄氏度，年降水量600毫米至2600.9毫米。分布区的土壤多为山地黄壤和山地黄棕壤，土层较厚，多为含有大量砾石碎片的坡积物，基岩为砂岩、板岩和页岩。

珙桐多分布在深切割的山间溪沟两侧，山坡沟谷地段，山势非常陡峻，坡度约在30度以上。

珙桐可用播种、扦插及压条繁殖。播种于10月采收新鲜果实，层积处理后，将种子用清水洗净拌上草木灰或石灰，随即播在三五厘米深的沟内。

珙桐有"植物活化石"之称，是国家一级重点保护植物中的珍品，为我国独有的珍稀名贵植物，因其花形酷似展翅飞翔的白鸽而被命名为"鸽子树"。

珙桐为我国特有的单属植物，由于各种原因其分布范围正在日益缩小，有被其他阔叶树种更替的危险。

珙桐为世界著名的珍贵观赏树，常植于池畔、溪旁及疗养所、宾馆、展览馆附近，具有和平的象征意义。材质沉重，是建筑的上等用材，又是制作细木雕刻、名贵家具的优质木材。

我国已建珙桐自然保护区，已经制定了具体的保护管理措施，积极开展引种栽培和繁殖试验，进行人工造林，扩大其分布区。

阅读链接

据说，珙桐是被法国传教士大卫神甫作为西方人首次发现并命拉丁种名的树木，大卫神甫也是为麋鹿命拉丁种名的人。1904年，珙桐被引入欧洲和北美洲，成为有名的观赏树。之后，珙桐在我国也逐渐被引种作为观赏植物。

2008年4月，四川省荥经县龙苍沟乡会同该县宣传部、雅安电视台、荥经电视台在对龙苍沟乡旅游资源进行考察时意外发现了近10万亩珙桐群落，该消息先后被多家媒体报道。

后经国内从事珙桐研究的权威专家，华中农业大学园艺林学院院长包满珠，湖北民族学院生科院罗世家教授在专程到现场实地考察后称，密集程度如此之高、面积如此之大的成片野生珙桐树，在我国尚属罕见。

雨林巨人——望天树

传说，很久以前，天上的神仙总是往地上撒一些花，也就是"天女散花"，让人间不仅有鸟语，还有花香，令人们的生活多姿多彩，不再那么单调。

这些被撒下的种子经过许多许多年漫长的努力，根据各自的目标，有的成了情人节最受欢迎的礼物玫瑰。有的成了掠夺者，以掠夺的方式壮大自己。也有化为小草的，不求荣华富贵、不求飞黄腾达，得过且过，倒也悠然自得。

而有一种家伙，总希望看一

高耸入云的望天树

■ 望天树的枝干

板根 也称"板状根",是一种热带木本植物所特有的板状不定根,可看成一种气生根。也是热带气候下的一种特殊生态现象。热带雨林中具有板根的树木十分普遍。植物一般是把根系扎进土壤,执行吸收水分、养分、供应地上部分茎干、枝叶生长的功能,也起着承受地上部分重力的支撑作用。

看它的故乡天堂。它不停地生长。不知道它是否已实现愿望,但它总归是最靠近天堂的了,便取得了更加令人羡慕的高度,后来,人们就称它为望天树。

望天树为常绿大乔木,高40米至80米,胸径达1.5米至3米,树干通直,枝下高多在30米以上,大树具板根;树皮呈褐色或深褐色,上部纵裂,下部呈块状或不规则剥落;一两年生枝密被鳞片状毛和细毛。

望天树为裸芽,为一对托叶包藏。叶互生,革质,椭圆形、卵状椭圆形或披针状椭圆形,长2厘米至6厘米,宽3厘米至8厘米。先端急尖或渐尖,基部圆形或宽楔形,侧脉14对至19对,近平行,下面脉序突起,被鳞片状毛和细毛。

望天树于五六月开花,8月至10月为果熟期。落果现象比较严重,主要由于虫害所致。

望天树树体高大,干形圆满通直,不分权,树冠像一把巨大的伞，而树干则像伞把似的，西双版纳的傣族因此把它称为"埋干仲"，也就是"伞把树"的意思。

望天树多生长在海拔350米至1100米之间的山地峡谷及两侧坡地上，其分布面积约20平方千米。在那高大通直插入云霄的大树之间，以缆索连成通道，你可以经过通道从这棵树走到另一棵树。

登高眺望远近的树木，热带雨林的景观，一览无余。不禁让人感叹大自然的造化，如此望天树真是"望天"之树！

分布在热带季风气候区向南开口的河谷地区及两侧的坡地上。全年高温、高湿、静风、无霜，终年温暖、湿润，干湿季交替明显，年平均气温20.6摄氏度至22.5摄氏度，最冷月平均气温12摄氏度至14摄氏度，最热月平均温28摄氏度以上。

年降水量1200毫米至1700毫米，降雨日约200天；相对湿度85%，雾日170天左右。土壤属于发育在紫色砂岩、砂页岩或石灰岩母质上的赤红壤、沙壤土及石灰土。在湿润沟谷、坡脚台地上，组成单优种的季节性雨林。

望天树一般可高达60米左右。人们曾对一棵进行测量和分析，发现望天树生长得相当快，一棵70岁的望天树，竟高达50多

砂岩 是一种沉积岩，是由石粒经过水冲蚀沉淀于河床上，经千百年的堆积变得坚固而成。后因地球地壳运动，而形成今日的矿山。它由石英颗粒形成，结构稳定，通常呈淡褐色或红色，主要含硅、钙、黏土和氧化铁。它由砂粒胶结而成，其中砂粒含量大于50%。绝大部分砂岩是由石英或长石组成的。

■ 直指苍穹的树干

米。个别的甚至高达80米，胸径一般在1.3米左右，最大可至3米。

这些世上罕见的巨树，棵棵耸立于沟谷雨林的上层，一般要高出第二层乔木20多米，果真有直通九霄、刺破青天的气势！

望天树是云南热带雨林的标志树种，它直耸云霄，当地人称只要能够攀爬到望天树顶端，就能向天庭许愿，灵验无比。

望天树以材质优良和单株积材率高而闻名于世界木材市场，一棵60米左右的望天树，主干木材可达10立方米以上。其材质较重，结构均匀，纹理通直而不易变形，加工性能良好，适合于制材工业和机械加工以及较大规格的木材用途，是一种优良的工业用材树种。

同时，望天树对研究我国的热带植物区系有重要意义。该物种已被列为国家一级重点保护野生植物。

我国已建立自然保护区，对在分布地区的大树严加保护。已对残存于云南省东南部及广西壮族自治区西南部的大树加强了保护。

由于望天树种子的寿命短，天然发芽成长为树十分困难，我国相关部门已经对有关产地的幼树更新和易地栽培做了研究。在西双版纳植物园、昆明植物园和华南植物园等地都已栽培成功。

阅读链接

望天树还有个极亲的"孪生兄弟"，名为擎天树。它其实是望天树的变种，外形与望天树极其相似，也异常高大，常达60米至65米，光枝下高就有30多米。其材质坚硬、耐腐性强，而且刨切面光洁，纹理美观，具有极高经济价值和科学研究价值。

擎天树仅分布在广西壮族自治区弄岗自然保护区，同样受到了严格的保护。

高档之材——楠木

相传在某年某月农历十五的那一天,有一棵楠木树变成了一个英俊的青年,他长着四方脸,双眼炯炯有神。青年化名为"汉楠",赶到贵州寨蒿去参加那里的青年男女相亲盛会。

寨蒿有一个姑娘叫"项银",人长得漂亮,心也很高,所有的青年她都看不上眼,唯独一眼看上了英俊的汉楠,并问汉楠的家在哪里。

汉楠说:"我家在大利的冲脚下。"

于是,在盛会上,项银把最

高大的滇润楠

古楠木树

好的花带、鞋垫、绣花帕子送给汉楠。

可是，盛会很快结束了，项银依依不舍，一直把汉楠送到村口，问汉楠什么时候会再来。

汉楠回答说："下一次月圆的时候。"

可是，项银等到十五，又等到二十，就是不见汉楠来。于是，她就独自跑到大利去，在村口就远远地看见冲脚下果然有一户人家。但当她跑到冲脚下的时候，却又什么也没有了。她一直找到天黑，才回到村里。

第二天，一个早早到冲脚干活的村民，看见一个楠木树上挂着花带、鞋垫还有绣花帕子，觉得很奇怪，就回到村里告诉大家。

项银听说了以后，才发现自己原来看上了一棵楠木树，她很伤心，就哭着跑开了。

这时，楠木又变成了汉楠，他跑过去想要拦住项银。但每次一追上项银，他又消失不见，变成一棵楠木树了。伤心的项银唱了很多悲歌，质问楠木树为什么不肯见她，但是楠木树是不会回答她的。

最后，项银说："既然你要变成楠木树，那我就变成一座山陪着你吧！"于是，项银真的变成了一座美女山，和楠木树遥遥相对。

其实，故事中的楠木为大乔木，高达30余米，树干通直。芽鳞被有灰黄色贴伏长毛。楠木的小枝通常较细，有棱或近于圆柱形，被灰黄色或灰褐色长柔毛或短柔毛。

楠木的叶革质，椭圆形，少为披针形或倒披针形，长7厘米至13厘米，宽2.5厘米至4厘米。楠木的叶先端渐尖，尖头直或呈镰状，基部楔形，最末端钝或尖。

叶上面光亮无毛或沿中脉下半部有柔毛，下面密被短柔毛，脉上被长柔毛，中脉在上面下陷成沟，下面明显突起，侧脉每边8条至13条，斜伸，上面不明显，下面明显，近边缘网结，并渐消失。

叶横脉在下面略明显或不明显，小脉几乎看不见，不与横脉构成网格状或很少呈模糊的小网格状。楠木的叶柄较细，长度才1厘米至2.2厘米。

聚伞状圆锥花序十分开展，长6厘米至12厘米，纤细，在中部以上分枝，最下面的部分枝通常长2.5厘米至4厘米。每个伞形花序的花有3朵至6朵。

楠木的花中等大，长三四毫米，花梗与花等长。花被片近等大，长3毫米至3.5毫米，宽2毫米至2.5毫米，外轮卵形，内轮卵状长圆形，先端钝，两面被灰黄色长或短柔毛，内面较密。

第一、二轮花丝长约2毫米，第三轮长2.3毫米，均被毛，第三轮花丝基部的腺体无柄，退化雄蕊三角形，具柄；子房球形，无毛或上半部与花柱

黑壳楠

楠木树

被疏柔毛，柱头盘状。

楠木的果呈椭圆形，长1.1厘米至1.4厘米，直径6毫米至7毫米。果梗微增粗，宿存花被片卵形、革质、紧贴，两面被短柔毛或外面被微柔毛。

花期四五月，果期九十月。楠木种子属多胚型，每粒种子能抽出两三苗。

楠木是中性深根性树种，有较强的萌生力，能耐间歇性的短期水浸。幼时耐荫性较强，喜温暖湿润气候，在土层深厚、肥沃、湿润、排水良好的中性或微酸性冲积土或壤质土上生长最好，在干燥瘠薄或排水不良之处，则生长不良。

楠木的寿命长，300年生尚未见明显衰退。其主根明显，侧根发达，根部新芽能长成大径材。幼年期耐荫蔽，一年抽3次新梢。其生长速度中等，五六十年达生长旺盛期。

楠木适宜生长在气候温暖、湿润，土壤肥沃的地方，特别是在山谷、山洼、阴坡下部及河边台地，土层深厚疏松，排水良好，中性或微酸性的壤质土上，生长尤佳。

幼年期的楠木，顶芽发达，顶端优势明显，主干端直苗壮，侧枝较细短，冠层厚而密，整个树冠呈尖塔形。

至壮年期，随着高生长的减慢，侧枝的扩展，树冠变为钟形，但冠层仍较厚。幼树的顶芽一年形成3次，一般春梢生长慢，夏梢和秋梢生长快。

特别是在6月上中旬夏梢期，顶梢10天可增高三四十厘米，为全年生长的最高峰。八九月也有一次生长高峰，但不如前者快。胸径生长主要是在5月至11月，其生长量占全年总生长量的70%至90%。

一般天然生楠木，初期生长甚缓慢，20年生楠木，高和胸径的生长量仅5.6米和0.04米，六七十年生以后，才达生长旺盛期，具有后期生长迅速的特性。但在人工林中，楠木初期生长则远较天然林生长迅速。

楠木幼年期根系生长发育较好，主根能深入土壤下层，侧根数量也较多。分布于阴湿山谷、山洼及河旁。分布区位于亚热带常绿阔叶林区西部，气候温暖湿润，年平均温17摄氏度左右，年降水量1400毫米至

常绿阔叶林 亚热带湿润地区由常绿阔叶树种组成的地带性森林类型。这类森林的建群树种都具樟科月桂树叶片的特征，常绿、革质、稍坚硬，叶表面光泽无毛，叶片排列方向与太阳光线垂直。常绿阔叶林是亚热带海洋性气候条件下的森林，大致分布在南、北纬度22度至34度之间。

■ 红心楠木

■ 楠木树

1600毫米。

楠木产地范围小，主要分布于四川、贵州、湖北和湖南等省区海拔1千米至1.5千米的亚热带地区阴湿山谷、山洼及河旁。

楠木木质坚硬耐腐，用途广泛，传说水不能浸，蚁不能穴，南方人多用作棺木或牌匾。

宫殿及重要建筑之栋梁必用楠木。楠木木材优良，具芳香气，硬度适中，弹性好，易于加工，很少开裂和反挠，为建筑、家具等的珍贵用材。

据《博物要览》记载：

楠木有3种，一曰香楠，又名紫楠；二曰金丝楠；三曰水楠。南方者多香楠，木微紫而清香，纹美。金丝者出川涧中，木纹有

故宫 北京故宫，又称紫禁城，于明代永乐十八年也就是1420年建成，是我国明清两代24位皇帝的皇宫。故宫集我国汉族宫殿建筑精华于一身，是无与伦比的古代建筑杰作，也是世界现存最大、最完整木质结构古建筑群，是世界五大宫之一。

金丝。楠木之至美者,向阳处或结成人物山水之纹。水河山色清而木质甚松,如水杨之类,惟可做桌凳之类。

楠木木材和枝叶含芳香油,蒸馏可得楠木油,是高级香料。该种为高大乔木,树干通直,叶终年不谢,为很好的绿化树种。

楠木的木材有香气,纹理直而结构细密,不易变形和开裂,为建筑、高级家具等优良木材。其色浅橙黄略灰,纹理淡雅文静,质地温润柔和,无收缩性,遇雨有阵阵幽香。

南方各省均产楠木,唯四川省产为最好,明代宫廷曾大量伐用,现北京故宫及京城上乘古建多为楠木构筑。

楠木不腐不蛀有幽香,皇家藏书楼,金漆宝座,室内装修等多为楠木制作。如文渊阁、乐寿堂、太和

文渊阁 位于北京故宫东华门内文华殿后,坐北面南,是清宫的藏书楼,仿浙江宁波范氏天一阁构置。文渊阁之名始于明代,也建于明代。明太祖朱元璋开始在南京创宫殿,于奉天门之东建文渊阁,尽贮古今载籍。这就是文渊阁建阁之始。文渊阁的功用早期主要在于藏书、编书。著名的大类书《永乐大典》,即在南京宫中文渊阁开馆编纂。

■ 楠木树

殿、长陵等重要建筑都有楠木装修及家具，并常与紫檀配合使用。现存最大的楠木殿是明十三陵中长陵棱恩殿，殿内共有巨柱60根，均由整根金丝楠木制成。

楠木极其珍贵，是我国的特产树种。已被列入我国国家重点保护野生植物名录之中。

有关部门已经对楠木制定了有效的保护措施，严禁砍伐，并积极进行抚育管理，防治病虫害，保护好现有资源。同时大力开展育苗造林，扩大栽培范围，特别是在植物园、公园应大量栽培，有效地进行保护。

阅读链接

据《郫县志》收录的宋代邛崃人张行成《司马温公祠堂记》记载：

"故谏议大夫司马君池以某年作县尉郫邑，越明年某月生公于官廨，字之曰岷，以山称也。"

这段文字的意思是说，当年司马池在郫县做县尉时，住在官署，他的夫人在这里生下了第二个儿子司马光。为了纪念在官署得子，司马池特在庭下亲手栽植松树、楠树各一株。后来，司马池、司马光父子先后辞世，松树枯萎，唯有楠木树仍苍翠欲滴。

当地的百姓认为，楠木树之所以如此茂盛是托司马光之荣。因此，县丞李名逸在司马光诞生之地建立了一座"司马温公祠堂"，用来纪念司马光。

相思树——红豆树

四川省西部有一个红豆村,村里长有一株高大的红豆树。据传是在唐德宗兴元二年,也就是785年所种,距今已有1200多年的历史了。

究竟这树是谁所栽?说起来还有一段优美动听的故事。

挂满果实的红豆枝头

■红豆果

传说有一位文武秀才名叫刘春水,要上京赴考。未婚妻缪秋菊把他送到路旁,两人依依不舍。

缪秋菊道:"此次送君应试,我没什么临别赠物,只想出一联:浪中鱼,鱼跃龙门,莫学春水流逝。"

刘春水心里呼道:妙!缪秋菊是提醒我莫忘今日之情,用谐音且一语双关。于是,他拱手说:"谢小姐一片爱意,学生献丑了:山里花,花开锦障,永恋秋菊妙香。"

缪秋菊听罢刘春水用谐音一语双关回答了她的爱意,心里高兴万分。她灵机一动,接道:"郎君,今天一别,不知何时才能相会,不如我俩种植一棵树当作信物,以解相思之苦。"

刘春水道:"种什么树呢?"

缪秋菊道:"我们就栽红豆树。"

刘春水拍手叫好。

于是,两个人去买了一棵红豆树,将树栽好,刘春水的义弟莫良兴挑来书箱、琴、剑告别上路。

刘春水一走就是5年,杳无音讯。缪秋菊天天站在红豆树下思念郎君归来,相思泪浇灌着红豆树日夜长大。

> **信物** 在我国古代,定亲是男女双方确定婚姻关系的重要礼仪,仅次于正式结婚。定亲遵循的是"父母之命、媒妁之言",而处于青春期的少男少女们却常用信物来定情,认为信物与爱情是密不可分的。常用的信物有戒指、如意、罗汉钱、香囊、红豆、同心结、凤钗、手帕、荷包等,或家中祖传的某种小物件。

有一天，一匹灰马快如闪电，直奔缪家大院而来。

骑马人莫良兴一见缪老员外，滚鞍下马，拜倒在地道："启禀缪老员外，我是莫良兴。5年前，我陪义兄刘春水上京赴考，他金榜题名，高中探花，现任云南楚雄州刺史，我当了州府大管家。"

"由于朝廷命义兄赴大理平叛造反，无暇回乡祭祖、完婚。前几日，刘兄在战斗中不幸掉入洱海，想来已被大鱼吞没，我便立即回转州衙。取走衙内金银珠宝回蜀，途经资州，用重金贿赂州官，买了一个都头之职。我将这袋金银珠宝敬献员外，作为迎娶缪秋菊小姐的聘礼，望老员外成全。"

说罢，从马背上取下一袋金银珠宝来。

缪老员外一见闪着光的金银珠宝，顿时喜得眉开眼笑道："莫都头，你言刘春水已掉进洱海，必死无

> **洱海** 位于云南省大理的西北，古称叶榆水、叶榆泽、昆弥川、西洱河、西二河等，是由西洱河塌陷形成的高原湖泊，据说因形状像一个耳朵而取名为"洱海"。洱海是一个风光明媚的高原湖泊，素以"高原明珠"著称，湖内有"三岛""四洲""五湖""九曲"之胜。

■ 红绿相间的红豆枝头

■ 枝头红豆

疑了。待我唤出女儿来商量嫁你一事。"

于是，忙唤出秋菊姑娘道："菊儿呀菊儿，听莫都头之言，刘郎已掉进洱海，必死无疑了，你这样年轻，也该为自己着想，依为父之言，改嫁莫都头如何？"

缪秋菊扫了一眼莫良兴道："莫良兴呀莫良兴，亏你说得出口，乘人之危，就想夺他人之妻，你真没良心呀……"

又回头向缪员外说道："父亲，休怪女儿不孝，女儿与刘郎已订下生死相恋之约，女儿生要见人，死要见尸，决不会听信一面之词就改嫁他人。"说罢拂袖进内室去了。

莫良兴从口袋里取出两锭50两重的金元宝递给缪老员外："虽然好事未成，但毕竟相识一场，这些请老员外笑纳。"

缪老员外笑得山羊胡一翘一翘的。他赶紧接过金元宝高兴地说："莫都头，好事莫忙，待老夫慢慢地开导小女。"

两人拱手告别。

缪秋菊回到自己的闺房，独自深思起来：刘春水掉进洱海生死未卜，父亲又是一个贪财之辈，要是他贪起财来，逼我嫁给莫良兴这个小人，我若违抗父

元宝 由贵重的黄金或白银制成，一般白银居多。在我国货币史上，正式把金银称作"元宝"，始于元代。不过，早在唐初开元通宝行世时，民间就有取其硕大、贵重之意，旋读为"开通元宝"的。而元代称金银钱为"元宝"，则是元朝之宝的意思，黄金叫作金元宝，银锭叫作银元宝，既有政治含义，也是对金银货币约定俗成的通称。

命，岂不落得一个不孝的罪名，我不如一死了却此生。

这一天夜里，她手执麻绳一根，悄悄来到红豆树下，向红豆树跪拜道："红豆树呀红豆树，5年前，你是我和刘郎相别时所栽，如今他生死不明，父亲又逼我改嫁。为信守当日誓言，今晚我在红豆树下一死了之，以报刘郎之情……"

拜罢，她把绳索搭上树枝。这时，只见从树梢上飘下一个如花似玉的红衣女子，她一挥手中文帚，将绳索断为两截，秋菊摔倒在地。

秋菊问道："小姐，为何救我？"

红衣女子道："实不相瞒，我是天宫中的红豆仙子。我看小姐与刘郎情深似海，故下天庭来搭救于你。距此地二里之外有一座杜临观，小姐曾熟读唐诗三百首，有才女之称，我想叫你去杜临观整理诗书，暂避逼婚之事，不知小姐意下如何？"

缪秋菊听罢，便随红豆仙子到杜临观后院，诵读老子道德经，书录唐诗。

刘春水掉入洱海后，被人救上岸来得以生还。他回到楚雄州衙

■ 成熟期的红豆果

门，才知管家莫良兴已回西蜀，金银珠宝被莫良兴拿走许多。刘春水立即派部将四处缉拿盗贼，终于在资州衙里逮到莫良兴。

经审讯，莫良兴盗走金银珠宝，贿赂资州刺史。刘春水连夜给皇帝写奏章，进京参劾资州刺史与莫良兴。皇帝下诏革了资州刺史，斩了莫良兴，并恩准刘春水回乡祭祖、完婚。

刘春水头插金花，身穿红袍，军士们抬着迎亲礼品走进缪家大院，拜见缪老员外。

员外吓得浑身打战，言语哆嗦："小女秋菊不知去向，叫老汉怎么交代呀！"

刘春水找不到缪秋菊，急得像热锅上的蚂蚁。夜里，他独自一人在红豆树下徘徊，眼望红豆树说："秋菊呀，你究竟在哪里？"

这时只见红豆树梢上一团红云，托着两位倾国倾城的姑娘，缓缓地降到刘春水面前，只见那手执文帚的姑娘言道："刺史大人，别来无恙，你相思的人儿

> **刺史** 我国古代职官名，本为御史的一种，始于汉代。其等级和职权范围随朝代不同而多有变迁。"刺"是检核问事的意思，即监察之职。"史"为"御史"之意。秦朝时设有御史负责监察，称监察御史。汉文帝时又以御史多失职，下令丞相派员出刺各郡国，以巡按地方，号称"刺御史"，简称"刺史"。元以后刺史之名废。刺史制度是我国古代重要的地方监察制度。

■ 红豆果

色泽艳丽的红豆果

来了。"

刘春水一见，面前果然是自己日思夜想的秋菊，两人喜泪盈眶紧紧相拥在一起。

秋菊指着仙女道："刘郎，快快拜谢红豆仙子，如果没有她相助，我俩哪会有今天？"

刘春水慌忙拜倒在地："多谢红豆仙子。"

红豆仙子扶起刘春水道："今天是个良辰吉日，快快请出你的岳父和众位乡亲，你们就在这红豆树下举行婚礼吧！"

刘春水、缪秋菊一阵忙碌，在红豆树下摆好拜堂，司礼先生高叫："东方一朵紫云开，西方一朵紫云来，两朵紫云来相会，树下牵出新人来！一拜高堂，二拜祖宗，三拜红豆仙子！"

只见红豆仙子脚踏一朵红云，升上树梢，向众乡亲频频招手，祝福新人新婚幸福，然后冉冉升上天空。树下一片欢腾，烟花爆竹，五彩缤纷，欢歌笑语，汇成了欢乐的海洋。

后来，红豆树也成为男女青年相思、婚庆的见证。

■ 寄情"红豆"

顶生或腋生 一般的花有顶生和腋生之分。顶生就是生于枝条顶端。腋生就是单朵花或多朵花生于叶基与花枝的结合部，就像长在枝条的腋窝里，叫腋生花。

冬青 是常绿乔木，高达13米；树皮灰色或淡灰色，有纵沟，小枝淡绿色，无毛。叶薄革质，狭长椭圆形或披针形；叶柄常为淡紫红色。冬青枝叶茂密，树形整齐，历来作为城乡绿化和庭院观赏植物。

红豆树为常绿乔木，高20米以上，胸径1米以上；幼树树皮灰绿色，具灰白色皮孔，老树皮暗灰褐色；小枝绿色，无毛。奇数羽状复叶，长10厘米至15厘米；小叶近革质，椭圆状卵形、长圆形或长椭圆形，稀为倒卵形，长5厘米至12厘米，宽2.5厘米至5.5厘米，先端急尖，基部宽楔形或圆钝，无毛，下面黄绿色。

红豆树圆锥花序顶生或腋生，花序轴被毛；花两性；萼钟状，密生黄棕色短柔毛；花冠白色或淡红色，微有香气；子房无毛。

荚果扁，革质或木质，近圆形，长4厘米至6.5厘米，宽2.5厘米至4厘米，先端喙状，无中果皮，内含种子一两粒；种子鲜红色，光亮，近圆形，长1.3厘米至2厘米，种脐长约9毫米。

红豆树多分布于丘陵低山、河边及村落附近。分布区的气候温暖湿润，雨量充沛，夏季凉爽多雨雾，空气湿度大。

据浙江省龙泉分布区的气象资料记录，年平均气温15.3摄氏度，7月平均气温25摄氏度，1月平均气温4摄氏度，极端最低气温至8.4摄氏度，极端最高气温为35.6摄氏度；年降水量1900毫米左右，平均相对湿度80%。

土壤主要为红壤。在自然群落结构中处于上层林冠,常和樟、楠、枫香、冬青与青冈等树种混生。

红豆树又名"鄂西红豆树""江阴红豆树""花榈木""花梨木"。在树木分类学上属被子植物门豆科红豆树属,为常绿乔木,中等喜光树种。

羽状复叶,小叶5片至7片,小叶片长椭圆形或长椭圆状卵形,长5厘米至10厘米,先端渐尖,光滑无毛;花两性,圆锥花序,花白色或淡红色;荚果木质,扁平,先端尖嘴状,果长4厘米至6.5厘米,无毛;种子一两粒,鲜红色有光泽;4月开花,10月结果。

红豆树主要分布在我国长江以南各省、自治区,然大树较少。红豆树以其可爱的种子、优质的木材著称于世。其木材光滑坚硬,纹理美丽,不经油漆却形同墨玉,因而与红木齐名,视为高级珍贵用材。举世闻名的龙泉宝剑柄就是用它的心材加工而成。它树形优美,叶色浓绿苍翠,是优良的绿化树种。

> **墨玉** 指颜色为黑色的玉石。它是一种珍贵而稀有的自然资源,仅产于陕西省富平县北部山区,其色重质腻,纹理细致,漆黑如墨,光洁可爱,极负盛名,素为治砚、刀工之上佳珍料,古人将其与钻石、宝石、彩石并称为"贵美石"。

■ 晶莹剔透的红豆

红豆种子因其鲜红圆润或具黑色斑纹，光泽美丽，玲珑可爱，常用以做项链、耳饰等装饰品；还能供药用，主治产后恶露冲心、症瘕结气、白带漏下等症。

由于其种子易遭鼠食，种皮干燥后不易吸水，自然更新较为困难，因此资源渐趋枯竭，现被列为国家保护树种。

红豆树幼年喜湿耐阴，中龄以后喜光，较耐寒，在本属中是分布于纬度最北的一个种。它对土壤肥力要求中等，但对水分要求较高：在土壤肥润、水分条件较好的山洼、山麓、水口等处生长快，干形也较好；在干燥山坡与丘陵顶部则生长不良。

红豆树的主根明显，根系发达，寿命较长，具有萌芽力，能天然下种更新，叶芽于3月中下旬萌动，4月上旬开始展叶，花于四五月开放，九十月荚果成熟。本种结实年龄较迟，并有隔年结实的现象。

红豆树为我国特有种，是本属植物经济价值较高的珍贵树种。木材坚重，有光泽，切面光滑，花纹别致，供作高级家具、工艺雕刻、特种装饰和镶嵌之用；树冠浓荫覆地，又是优良的庭园树。

红豆树还具有药用价值，以种子入药，理气通经，主治疝气、腹痛、血

> **荚果** 为干果的一种，属于单果中的裂果的一种，由单雌蕊发育而成的果实，如豆目三科的果实。但含羞草的果实，呈分节状，成熟时不开裂而成节荚。这种干果成熟后，果皮沿背缝和腹缝两面开裂，有的虽具荚果形式，但并不开裂，也有的荚果呈分节状，成熟后也不开裂，而是节节脱落，称为"节荚"。

■ 成串的红豆果

■ 红豆树

滞和闭经等。

红豆树为落叶阔叶乔木，落叶树种可以满足人们夏季遮阳、冬采光热的环保节能要求。落叶树种在冬季不易受低温冰冻灾害的侵袭，随着全球气候变化向极端状态推进，人们在选择园林绿化树种时，将是一个重要的考虑因素。

红豆树是一种高大乔木，成年树主干粗壮，给人以力量的感受。其树形有伞形、有立卵形，片植群居者多为伞形，孤植独立者多为立卵形。树叶疏密度，伞形树中等，立卵形较密。成年树可单独构成一景。

红豆树是一种高档经济用材树种和人文树种，把红豆树作为园林树种，有利于把园林绿化工程与经济用材林的造林工程相结合，一举两得。红豆树成批量地作为园林树种种植，可以增加园林树种的种类，使园林树种更加多样化。

红豆树又名"相思树"，是一种木质藤本的木本

雕刻 对雕、刻、塑三种创制方法的总称。指用各种可塑、可雕、可刻的硬质材料创造出具有一定空间的具有可视、可触的艺术形象，借以反映社会生活、表达艺术家的审美感受、审美情感和审美理想的艺术。历史悠久、技艺精湛的各种雕塑工艺，如牙雕、玉雕、木雕、石雕、泥雕、面雕等。

科植物，所产果实红豆，也称"相思子"，晶莹红亮，久存而不蛀、不坏，色泽依旧。人们历来把它当作"假宝石"，镶嵌在戒指、耳环等饰物上，又用来作为压邪之用。

古代青年男女还把它作为珍贵礼物相互馈赠，充当爱情的无价信物。唐代诗人王维曾写下了著名诗篇《相思》：

红豆生南国，春来发几枝。
愿君多采撷，此物最相思。

王维的诗历代流传，使那些多情男女诵读不已，并深深感怀。红豆成了情思的象征，相思的隽品，爱情的信物。

阅读链接

梁武帝笃信佛教，在江阴顾山兴建了一座"香山观音禅寺"，寺内有一楼阁名为"文选楼"。昭明太子萧统代父出家来香山寺，一则回避宫廷斗争；二则精心修编《昭明文选》。

有一天，太子萧统下山视察民情，偶见一个秀丽的尼姑慧如，太子见慧如才思敏慧，顿生爱慕之情。以后多次去草庵谈情说爱，但由于一个是太子，一个是尼姑，终难成眷属，尼姑相思成疾而终。

太子闻讯，痛哭不已，含泪种下一棵双红豆，将草庵题名红豆庵，满怀相思悲苦离去。此树历经千年曾一度衰败成枯树，后来又在枯干上萌生4棵新枝，直至现在，以古老、奇异、珍稀著称于世。

上关花——古木莲

传说在我国古代永平的宝台山上，有一个叫目莲的女孩，她从小便没了父亲。

当她长到3岁的时候，她的母亲又因病去世，从此，目莲便孤身一人，四处乞讨度日。

木莲花花朵

长大成人后，目莲经高人异士点化，知其母已转世投胎变成了一只狗，在一个财主家看家护院，如若要目莲母亲转世成人，目莲必须吃斋念佛，诵经解厄。

目莲听后从此信佛诵经，开始拯救母亲，到了财主家，目莲要买狗，但财主因这只狗看家护院得力而不愿卖。

目莲在财主家磨了七七四十九天，财主还是不愿意把狗卖给她，但达成了目莲为财主做3年苦力把狗给她的约定。目莲为拯救母亲，含辛茹苦在财主家干了3年，财主把那只狗给了目莲。

目莲将自己平时诵的经书放在一个箩筐，将狗挑在另一个箩筐，上路寻找自己的栖身之地。一头是自己的经书，一头是自己的母亲，目莲一个都不敢怠慢。哪个筐朝前都觉得不合适，只有挑成平排。

目莲走了三天三夜，因找到自己的母亲了，她一点也不觉得累。到了一座大山，因树木茂密，枝叶覆盖，加之目莲平排挑担，在这座山上连走9天没有走出去，最后，目莲就累死在这座山上了。

后来，这座山上开满了花大如盘，形似莲花的不知名的花，后人

野生木莲花

■ 木莲花的果实

为纪念目莲救母,就把此花称为"目莲花",后来又叫"木莲花"。

据说,木莲花山里四季如春,有各类植物1000多种。在众多的植物中,木莲花堪称稀世奇花。

木莲为木兰科常绿乔木。木莲树,高可达20米。树干通直,树皮灰色,平滑。小枝灰褐色,有皮孔和环状纹。幼枝、芽、叶片下面、叶柄、果柄均具红褐色短毛。

木莲叶厚,革质,窄倒卵形至倒披针形,长8厘米至16厘米,宽1.8厘米至6.5厘米。顶端急尖或短渐尖,通常钝,基部楔形,稍下延,叶全缘,叶面绿色有光泽,叶背灰绿色有白粉。叶柄细,红褐色,叶柄长1厘米至3厘米。

木莲花期三四月,其花形如莲花,白色带紫,单生于枝顶。花柄一两厘米;花倒卵状椭圆形,长三四厘米;雌蕊群无柄,心皮多数,螺旋状排列。

木莲聚合果卵形,长四五厘米,蓇葖肉质、深红色,成熟后木质、紫色，外面有小疣点，顶端有小尖头。果熟期九十月。

木莲为亚热带树种，分布于长江中下游地区，为常绿阔叶林中常见的树种，常生长在酸性土壤上。

木莲幼年耐阴，长大后逐渐喜光。温暖湿润气候及深厚肥沃的酸性土适合木莲的生长，木莲在干旱炎热之地生长不良。木莲根系极发达，但侧根少。木莲初期生长较缓慢，3年后生长较快。

木莲有一定的耐寒性，在绝对低温零下7.6摄氏度以下，顶部略有枯萎现象。而且不耐酷暑。人工培育木莲时，以播种或嫁接繁殖为主，其病虫害较少。

木莲树干通直高大，枝叶浓密，花白色而大，聚合果深红色，具有较高的观赏价值，可作为观赏树种适量栽培。木莲木材可以用作板料和细工用材。木莲的树皮和果可入药，主治便秘和干咳。

木莲花为第四纪冰川期植物，有"活化石"的美誉。据考证，木莲花就是大理四景，即上关花、下关风、苍山雪、洱海月之一的"上关花"，也是隋朝隋炀帝梦中的"朝珠花"。

阅读链接

在佛教《贝叶经》中说，木莲是"优星花""佛种买苗"。传说，黄巢是佛教中的著名人物木莲僧投胎转世。佛经里有木莲僧下地狱救母的故事，木莲为了到地狱里把母亲救出来，把十八层地狱都找遍了，也把十八层地狱里关押的大小恶鬼都放了出来。

然而，玉皇大帝不同意了，为了惩罚木莲，让他到人间投胎，转托成黄巢，要他把释放出来的800万恶鬼如数收回去。

后来黄巢起义之后，杀死了很多贪官恶人，人们在民间流传着一个说法，这些贪官都是来自地狱的恶鬼转世投胎的。

报恩花——宝华玉兰

相传有一年，天上的王母娘娘下凡到昆仑山找寻爽心草，见山涧中有一潭碧水，便与众仙女宽衣解带入池洗浴，一时周身舒爽。

中午时分，王母娘娘和仙女们信步山中，不觉走到了穷苦青年石娃的家里。石娃忙做饭款待，仙女中有一位叫玉兰的上前帮忙。

石娃惊叫道："真不知你做饭如此在行！"

玉兰笑道："这有啥奇怪的，织布绣花我更拿手。"

玉兰花开

> **秦晋之好** 又称"秦晋之匹""秦晋之盟""秦晋之约"。在我国古代春秋时期，秦国和晋国是两个相邻的强国。当时，晋国公将自己的女儿嫁给秦穆公为夫人，通过通婚联姻表示与秦友好联合，带有政治目的。后来，男女之间的婚姻也称作结为"秦晋之好"，仅指两家结亲，并没有政治内容了。

石娃闻言顿生奇想：若能娶玉兰为妻，该有多幸福啊！

虽然是一顿粗茶淡饭，王母娘娘却吃得津津有味，连声赞叹玉兰和石娃做的饭好吃，问："石娃，让我怎么感谢你呀？"

石娃婉言辞谢。

王母娘娘起身说："这样吧，你这破旧的草屋冬不避寒，夏难遮雨，我给你换栋新屋。"说完伸手一指，破屋顿时变成了新房。

又笑着说："你的衣衫也该换新的了。"手一指，只见石娃浑身绸缎，成了一个英俊潇洒的小伙子了。石娃忙施礼道谢。

临别，石娃悄悄问玉兰："小姐，我什么时候能再见到你呀？"

玉兰深情地望着他说："我会来看你的。"

这天夜半时分，睡梦中的石娃忽然被一阵敲门声惊醒："谁呀？"

"我是玉兰。"

■ 玉兰花

含苞待放的玉兰花

石娃起身开门,激动得说不出话来。

原来,自从玉兰见到石娃,也生爱慕之心。随驾返程的途中,便偷偷溜了回来。两人自此结为秦晋之好,从此男耕女织,小日子过得虽不富有,却也甜似蜜糖。

好景不长。

一天,玉兰正在门口绣花,忽然一条黄绢从天而降,上写:"玉兰偷出天宫,以身许人,有违天条,立即回宫,不得有误!"

玉兰惊愣片刻,遂咬破手指,在黄绢背面血书道:"我与石娃已结百年之好,誓不分离!"

将黄绢抛向天宫。

此刻,石娃上山砍柴归来,玉兰抬起一双泪眼,说:"石娃,娘娘今已降旨,召我即刻回宫……"

石娃大惊,心头犹如滚过一个炸雷,说:"玉兰,你不能走啊!等娘娘来了,我必求情于她!"

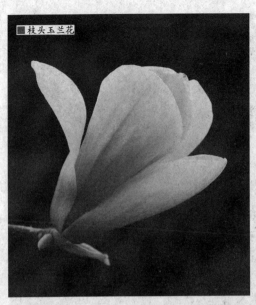

枝头玉兰花

玉兰苦笑不语,道:"天宫规法甚严,你我难免分手在即。"

说话间,王母娘娘已在众仙女簇拥下驾云而至。两人跪地苦求,玉兰更表明心迹:若回天宫,宁愿一死。

王母娘娘见玉兰心意已决,遂脸色一沉,用手一指,玉兰倏然变成一棵玉兰树,亭亭立在门前。

石娃见状,悲愤地大叫一声:"玉兰!"昏死在玉兰树下,再也没有爬起来。

后来,这棵玉兰树被移栽到无染寺禅院中。每年4月,花开飘香,吸引着四方游人前来观赏、拜谒。

故事中的玉兰树也称"宝华玉兰",它为落叶小乔木,树高达11米,胸径0.3米。树皮呈灰白色,手感较平滑,当年生枝黄绿色,两年生枝紫色,冬芽密生绢状绒毛,小枝紫褐色。

宝华玉兰的叶互生,倒卵状长圆形,长7厘米至16厘米,宽3厘米至7厘米,下面沿脉被长毛。叶长圆状倒卵形或长圆形,顶端短突尖,基部楔形或近圆形,背面苍白色,脉上有柔毛。

宝华玉兰的花生枝顶,先叶开放,直径8厘米至12厘米,芳香。花丝紫色,药隔凸出呈短尖。雌蕊群圆柱形,长两厘米。花柄密生白色毛。花被片像汤匙,长5厘米至8厘米。

不同的单株花色还有变化,上部白色,中部是淡紫红色,中部向下则渐呈紫红色。聚合果圆筒形,长5厘米至7厘米,径两三厘米。膏葖木质，果圆形，有疣点状凸起。蓇葖种子宽倒卵圆形，外种皮红色，内种皮黑色。

宝华木兰生于海拔220米的北坡小丘陵地上。零星生长在常绿、落叶阔叶混交林中，伴生植物主要有野核桃、枫香、榔榆、黄连木或混生少量青冈和紫楠。物种产地年平均温度16摄氏度，年降水量约900毫米。宝华木兰适宜生长在沙壤土上，呈酸性反应。

宝华木兰早期生长较快，成年树生长缓慢。实生树7年至9年开花，嫁接树当年开花。花期3月中旬，果熟期9月中旬。

宝华玉兰与和它有血缘关系的其他玉兰的区别十分明显，对于研究木兰属的分类系统有一定的意义。其树干挺拔，花朵较大，艳丽芳香，是珍贵的园林观赏树木。

宝华玉兰仅生长在我国江苏句容的宝华山北坡，海拔必须是220米左右，离开这个环境就很难生存。全球只剩下38棵宝华玉兰，其中最高大的有11米，胸

> **蓇葖** 果实的一种类型，属干果中的裂果。由单心皮构成，子房只有一个室，成熟时，果皮仅在一面裂开，如芍药、八角的果实。植物果形多样，皮较厚，单室，内含种子1粒或多粒，成熟时果实仅沿一个缝线裂开。由单心皮离生心皮单雌蕊发育而成。由数个离生心皮构成时，常聚生在同一花内。

■ 艳丽的玉兰花

榔榆 一种落叶乔木。树形优美，姿态潇洒，树皮斑驳，枝叶细密，在庭院中孤植、丛植，或与亭榭、山石配置都很合适。也可选作绿化树种。榔榆木质坚硬，可供工业用材；茎皮纤维强韧，可作绳索和人造纤维；根、皮、嫩叶入药有消肿止痛、解毒解热之功效，外敷治水火烫伤；叶制土农药，可杀红蜘蛛。

径达0.3米，它们稀稀散散地生活在各种阔叶林中。

因为山坡下的灌木层不断被破坏，一直没发现新的玉兰苗，所以不及时采取保护措施，将有灭绝的危险。

为了保护宝华玉兰，有关部门已将宝华山划分为自然保护区，采取各种措施保护好现存植株，在技术上促进天然更新和扩大栽培范围。南京、杭州及上海等地的植物园和园林单位已有引种栽培。

宝华玉兰用种子繁殖，其外种皮富含油质，采收后宜予除去，种子用轻微湿润的河沙层积贮藏。春播后约三四十天发芽。也可用两三年生白玉兰实生苗作为砧木，于早春采集宝华玉兰的枝条嫁接育苗，成活率可达七八成。

阅读链接

很久以前，深山里住着3个姐妹，大姐叫红玉兰，二姐叫白玉兰，小妹叫黄玉兰。

有一天，她们下山游玩，发现村子里一片死寂，向村子里的人问询后得知，原来秦始皇赶山填海，杀死了龙虾公主，从此，龙王爷锁了盐库，不让张家界的人吃盐，导致了瘟疫发生，死了好多人。

三姐妹决定帮大家讨盐。在遭到龙王多次拒绝以后，决定从看守盐仓的蟹将军入手。她们用自己酿制的花香迷倒了蟹将军，将盐仓凿穿，把所有的盐都浸入海水中。

村子里的人得救了，后来，三姐妹却被龙王变作了花树。人们为了纪念她们，就将那种花树称作"玉兰树"，而她们酿造的花香也变成了玉兰花的香味。

小花木兰——天女木兰

相传，古时候，从江西庐山那边来了两户人家，一户有个男孩叫阿木，一家有个女儿叫阿兰。这两户人家男耕女织，狩猎捕鱼，过着和和美美的日子。

有一天，城里的王府老爷出来巡猎，看中了阿兰的姿色，便派人抢进府里。阿木听说后，偷偷地溜进了王府，想带着阿兰一起逃跑，不幸被王府发觉，派人追赶。

阿木和阿兰逃至浑江畔上的望江崖，见后有追兵，前无进路，被逼无奈，双双投身江底。

阿木和阿兰的父母派人把他们从江中打捞上来，葬在了望江崖边的丛林中。

天女木兰花

■ 洁白的木兰花

第二年春天，望江崖上的密林间长出了奇异的木本花树，雌雄同株，花香沁人，十里不绝。据说，这便是阿木和阿兰的化身。

当地人们为纪念这对坚贞不屈的年轻人，给这棵花树起名为"天女木兰花"。

关于天女木兰，还有另外一个传说。

很久以前，在一个百花盛开的季节里，一位美丽的天女下凡后遇难了，被勤劳的花农解救，并结为夫妻。在迫不得已离开的时候，天女留下了一粒种子。

花农把它种下后，长出了一株枝繁叶茂、花朵端庄秀丽的木兰，人们为纪念这个天女就称它为"天女木兰"，象征着勤劳善良。

天女木兰为落叶小乔木，株高3米至6米，最高达10米。小枝呈淡灰色，芽大约1厘米，暗紫褐色，均被长柔毛。

天女花的叶互生，叶柄长1.5厘米至6厘米，呈宽椭圆形或倒卵状长圆形，长6厘米至15厘米，宽6厘米

下凡 我国古代的神话中，有天庭和人间之分。下凡是指位于天庭上的神仙来到人间的一种行为。一般情况下，神仙是不可以在天上和人间随意出入的，私自下凡按照天庭法令是重罪，是会遭天庭惩罚的。也有天庭上的神仙触犯了天条的，则会被逐出天宫，贬入人间。

至10厘米，叶背有白粉，侧脉6对至8对。茎部圆形或圆状楔形，先端短突尖，表面绿色，背面粉白色，被短柔毛。

天女花花体直径8厘米至10厘米，花梗长四五厘米；花蕾稍带淡粉红色；白色芳香，花被片9枚，外轮3片粉红色，其余均白色。雄蕊多数紫红色，花药内向开放，雌蕊群椭圆形。

聚合果卵形，长4厘米至6厘米，宽2厘米，红色，先端尖。种子橙黄色，近圆形，直径约0.6厘米。

花生在枝顶，花柄颇长，盛开时随风飘荡，芳香扑鼻，宛如天女散花，故名天女花。花期6月上旬至7月中旬，果熟期9月上中旬。

天女木兰，又称"小花木兰"，为太古第四纪冰川时期幸存的珍稀名贵木本花卉，堪称植物王国中的"活化石"。

天女木兰是世界上稀有的珍贵树种之一，为濒危物种，属国家重点保护植物。天女木兰一直鲜为人知，长在深山人不识。后来，科研人员首次在辽宁省本溪市桓仁发现这一稀世花种的消息，曾引起了国内外的震动。

■木兰花

祖山 位于河北省秦皇岛青龙县境内,由于渤海以北、燕山以东诸峰都是由它的分支绵延而成,故有"群山之祖"之称。山势跌宕,峰峦陡峻,以山、水、石、洞、花著称,具有一定的历史文化内涵,有着"塞北小黄山"的美誉。

天女木兰多垂直分布在400米至850米之间的阴坡郁闭中等阔叶杂木林中。在桓仁满族自治县的老秃顶、花脖山,本溪满族自治县境内的草河掌、关门山等均有发现,从而使本溪成为天女木兰的故乡。天女木兰的花颇像牡丹,在辽东山区被人们称为"山牡丹"。

天女木兰间断分布在我国北方长白山、燕山山脉第二主峰都山、秦皇岛境内的祖山,在海拔700米以上的阴坡呈现零散分布。

在我国黄山、歙县的清凉峰、祁门与石台交界的牯牛降以及黟县部分山区均有广泛分布。在大别山区潜山、岳西等地也有零星分布,垂直分布海拔1.6千米。

其中潜山的天柱山最为著名,多分布在海拔较高之处,在鹞落坪生长在海拔1.5千米左右的沟旁林中;在天柱山,则生长在1.4千米的山边灌丛中。

■ 长白山木兰花

■ 盛开的木兰花

大别山区天女花自然资源的发现,使天女花分布范围扩大至长江北岸,缩短了原来的间断性分布的距离,这给古植物学、植物地理学研究提供了新资料。

天女木兰喜凉爽、湿润的环境和深厚、肥沃的土壤,适宜生长在次生阔叶林中、阴坡和湿润山谷,畏高温、干旱和碱性土壤。

由于森林砍伐、生境被破坏以及天然更新能力较弱等原因,天女木兰的分布区域日益缩小,植株越来越少。由于它对生长环境选择性很强,一旦环境遭受严重破坏,便生长不良,以致消逝,因此值得引种和扩大人工栽培。

天女木兰的5年生以上的木本,可以用作稀有木本花卉的嫁接用,比如白玉兰、南朴等,正是天女木兰有着良好的适应环境能力,其嫁接成活率相当高。

天女花株形美观,枝叶茂盛,花色美丽,具长花梗,随风招展,犹如天女散花,是著名的庭园观赏

清凉峰 位于安徽省绩溪,在华东地区的高度仅次于黄山各主峰。境内层峦叠嶂,群峰争奇,沟谷纵横,树林茂密,既有类似黄山峻峭奇丽的景色,又有山中"台地"和群顶"小平原"等独特地形,是安徽省六大自然保护区之一。其中的十八龙潭是传说中龙王所居的地方,其潭底直通杭州的八角井。

树种。

天女木兰的花朵冰清玉洁，香味醇厚致远，其花和叶可提炼高级香料，制香浸膏，是增香剂制品的重要原料之一。从天女木兰的花朵和树枝提取得到的厚朴酚，有美白功效成分。种子含油量很高，可制作肥皂等，是重要的日用化工原料。

由于天女木兰不仅有观赏价值，而且有很高的经济价值，本溪市政府将该花确定为该市市花。

每年六七月，是天女木兰盛开的季节，呈白色花纹的灰色树干，伸展出毛茸茸的灰色枝条，无数根枝条托起无数片绿叶。

在两三片叶的扶衬下，但见一个八九厘米长的花梗蹿出，将一朵美丽的花朵高高举在头顶，此花不负众望，使出浑身解数，显示其婀娜多姿。

9片硕大而洁白的花瓣，重叠为3层，在红黄相环的花瓣点缀下，散发着沁人心脾的芳香，是那样的圣洁、高贵和豁达，即使是神笔也难以描述。

阅读链接

传说，在王母娘娘身边有一个吹笙的仙女，她厌倦了天庭的生活，喜欢凡间的山水。

有一天，她来到祖山游玩，发现山好水好，唯独缺少奇花异草，于是把天庭瑶池的木兰花移栽到祖山。

这一日，正逢王母开蟠桃盛会，找笙女来吹笙助兴，到处都找不着她的影子，便派巨灵神寻找。

巨灵神找遍了三山五岳，最后发现祖山云雾缭绕，拨开云雾发现笙女正在移栽木兰花，于是押着笙女回去复命。

王母娘娘为了惩罚笙女，让她去银河浣纱，纱不尽，水不平，不得返回瑶池。笙女宁为玉碎，不为瓦全，甘愿化作祖山一块巨石。后来，笙女移栽到祖山的木兰花便叫作"天女木兰"。

寿星树——香榧树

在很久以前，天庭上有两位仙女，她们不愿意在天庭生活。

有一天，两位仙女偷偷地拿了天庭特有的种子香榧，然后带着香榧种子私自下了凡，到南山下过起了平民的生活。她们拿起锄头精心培养冒着生命危险从天庭偷来的香榧种子，快乐地生活着。

可是，好景不长，仙女偷种子私自下凡的事很快被天庭里巡逻的天兵天

香榧雌树

■ 香榧雄树

天兵天将 指天界中的将领和士兵，其主要职能是卫护天宫，维护佛法，下界降妖除魔。天将大多穿着华丽的金甲，身体周围有五彩霞光缭绕，身形也非常魁梧，显得华丽而稳重。天兵也个个具有神力，他们通常听从天将的调遣。

将知道了，天兵天将立即将此事禀告给了玉皇大帝。

玉皇大帝大发雷霆，下令说："敢偷香榧种，又私自下凡间，罪加一等，捉到后立即处死。"

天兵天将们领命后，很快就来到南山下。可怜的两位仙女却丝毫不知。只见天空中乌云滚滚，电闪雷鸣。这时，仙女们才知道天兵天将快到了。

天兵天将到了，要将仙女们捉拿归案。虽然两个仙女使出了浑身解数，可还是被众多的天兵天将抓住了。回到天庭的当天，两个仙女就被处死了。天兵天将把仙女的眼睛扔到了山上，双睛刚好落在香榧树上。

从此，每棵香榧上都有一双小"眼睛"。人们在吃香榧时，只要轻轻地按一下小"眼睛"，香榧果就会自动打开。

关于香榧，民间还有一个传说。

古时候，在诸暨钟家山有姐妹三人。她们不仅聪明美丽，心地还很善良。她们做了很多善事，不仅感动了世人，也感动了神仙。

后来，三姐妹得到了神仙的指点，历尽艰辛，到玉山采来了香榧芽。

香榧芽经过三姐妹15年的精心培育，终于结了果实。可是，这引起了当地恶霸的眼红，他不仅要霸占香榧种子，还要霸占三姐妹。

三姐妹为了不让恶霸侵占，无奈之下带着种子逃跑。可是，种子袋被荆棘划破，撒遍了会稽山一带的山头。最后，三姐妹也被逼跳下了悬崖。

从此，那一带就长满了雌榧树，它结出来的果实秀长，状似橄榄，果仁香脆可口，叫"香榧"。而雄榧树长的果实矮壮，果仁苦涩，叫"木榧"。

更令人称奇的是，香榧树不同于其他果树，其三

> **玉山** 位于江西省东北部，在历史上是闽、浙、赣三省交通要冲，素有"两江锁钥，八省通衢"之称。因境内有"天帝遗玉，山神藏焉"的怀玉山而得名。玉山素以山清水秀著称江南，享有"冰为溪水玉为山"的美誉。

■ 繁茂的香榧树

清脆的香榧果

代同生。当年生的大似橄榄，次年生的形似米粒，第三年生的星星点点，有人说这是因为三姐妹形影不离，所以香榧又叫"三代果"。因为它是三姐妹从玉山采来的，又被称作"玉山果"。

香榧，也称"野榧""羊角榧""榧子""榧树"，属红豆杉科。树干通直，一般高可达10米以上。香榧雄树直上挺拔，雌树千姿百态，古树树冠巨大，枝繁叶茂，蔚为壮观。叶呈羽状，像水杉叶，又浓又密，叶子翠绿，有沁人的清香。

榧树雌雄异株，有性繁殖全周期需要29个月，第一年开花，第三年才果熟，果实从花芽原基形成至果实形态成熟，需经历3个年头。

每年的5月至9月，同时有两代果实在树上生长发育，还有新一代果实的花芽原基在分化发育，人们称之为"三代同树"。故同一株树年年有新花，年年有新果，年年有果熟。香榧树因果实香脆而名满天下。浙江会稽山区山高岭峻，云雾缭绕，温湿凉爽，适宜香榧树生长。

榧树，也是第三纪子遗植物，异常珍贵。但香榧对生长环境要求比较高，适宜种植的地域较为狭小，一直处于自然生长、零星种植的状况。

榧树是现存最古老的树种之一，寿命长达四五百年，在会稽山地区，有"寿星树"之称，它被冠以"长寿树""千年圣果""摇钱树"等美称。

会稽山古香榧树数量众多、资源集中，共有结实香榧大树10.5万棵，其中，树龄百年以上的有72000余棵，千年以上的有4500余棵，这样数量众多、资源集中的古香榧群，堪称华夏一绝。

古香榧树冠高大、枝叶重叠、根系发达，能有效地减少水土流失，这既是绍兴先民所创造的防止水土流失的良好生态系统，更是提供较高经济价值的独特山地利用系统，堪称山区经济、生态经济、富民经济的全球典范。

香榧文化源远流长。自古至今，香榧一直是文人笔下的一个宠儿。在《尔雅》中有关于榧树的记载：

摇钱树 是汉代西南地区中早期生命树演变而成，其既保留了商周时先民崇拜的原始宗教观念，又赋予了世俗的祈财纳福的吉祥观念。认为这种树会生财、结金钱，摇落以后可再生。而摇钱树又是长生树，谁拥有它，谁就会富贵长命，子孙昌盛。北京旧俗中有岁末做摇钱树祈年的习俗。

■ 榧树新芽

《尔雅》 我国最早的一部解释词义的专著，是我国第一部按照词义系统和事物分类来编纂的词典，也是儒家的经典之一。"尔雅"的意思是接近、符合雅言，即以雅正之言解释古语词、方言词，使之近于规范。《尔雅》在训诂学、音韵学、词源学、方言学、古文字学方面都有着重要影响。

> 彼，杉也。其树大连抱，高数仞，其叶似杉，其木如柏，作松理，肌细软，堪为器也。

宋代大文豪苏轼在《送郑户曹赋席上果得榧子》中赞香榧：

> 彼美玉山果，粲为金盘实。瘴雾脱蛮溪，清樽奉佳客。客行何以赠，一语当加璧。祝君如此果，德膏以自泽。驱攘三彭仇，已我心腹疾。愿君如此木，凛凛傲霜雪。斫为君倚几，滑净不容削。物微兴不浅，此赠毋轻掷。

■ 香榧林

诗中不仅写了玉山果的珍贵和榧树生长之地的良好生态环境，还赋予它凌霜傲雪的崇高品格，形成了深厚的香榧文化历史积淀。

苏轼在其所著的《物类相感志》中谈起香榧的食用方法：

■ 香榧树

> 榧煮素羹，味更甜美。猪脂炒榧，黑皮自脱。榧子甘蔗同食，其渣自软。

可见苏轼对香榧是情有独钟的。此后的《尔雅翼》《长物志》《艺苑雌黄》《清稗类钞》等史籍，都有榧子食用或加工方法的记载。

在唐朝时，香榧就被列为贡品。在先民们香榧种植、加工以及消费过程中，香榧文化应运而生。每年秋风初起，香榧成熟后，就到了采摘香榧的时节。

据老一辈人说，在香榧采摘前，家庭要举行祭祖仪式，意为谢恩、求平安。后来，这个习俗一直保留了下来。

香榧的名字非常具有艺术感染力，常被作为吉祥物出现在祭祀、婚庆、寿庆中，象征吉利、兴旺、富贵、长寿、和谐。

有些地方在新娘出嫁时，要将香榧染成红色，然

贡品 即古时官吏、人民或属国进贡给帝王的物品，是地方臣服于中央统治者，或者属国臣服于宗主国的表示。贡者：名、特、优也。贡品多为全国各地或品质优秀，或稀缺珍罕，或享有盛誉，或寓意吉祥的极品和精华。古时，我国还与周边国家之间曾以进贡与赏赐的名义进行贸易，称为朝贡贸易。

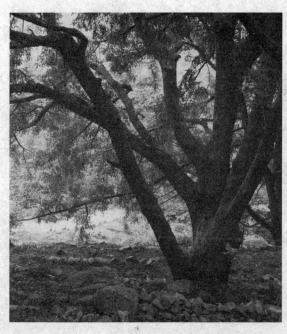

■ 香榧树

金凤凰 我国皇权的象征，常和龙一起使用，凤从属于龙，用于皇后嫔妃，龙凤呈祥是最具中国特色的图腾。凤凰性格高洁，非晨露不饮，非嫩竹不食，非千年梧桐不栖。神话中说，凤凰每次死后，会周身燃起大火，然后在烈火中获得重生，并获得更强大的生命力，称为"凤凰涅槃"。如此周而复始，便获得了永生。

后与花生、玉米花一起装进"果子袋"，到新郎家时向亲朋好友、邻里乡亲分"果子"。

　　在嫁妆荷花被上放一根雄榧枝和一根雌榧枝，寓意忠贞的爱情。新郎新娘要面对嘉宾将香榧送到对方的嘴里，象征着新婚夫妇青春永驻，早生贵子。"香榧"也是"想飞"的谐音，表示飞来的金凤凰要在这里落户。

　　香榧不仅带给人们吉祥，也成为东阳山区农民的摇钱树。至今老百姓盛传着许多香榧谚语："香榧熟衣食足""吃香榧、用香榧、靠香榧""吃香榧、无病不求医""一年种榧千年香，一代种榧百代凉""小时栽香榧，老年得保险"等。

　　谚语道出了香榧在东阳百姓心中的重要地位，表达了榧农对香榧的依赖和依恋之情。

　　会稽山香榧栽培至今已有2000多年历史。在诸暨榧王村，有一棵被称为"中国香榧王"的古香榧树，树龄1350余年，树高18米，胸围9.26米，覆盖面积500多平方米，犹如遮天巨伞。

　　在绍兴占岙村，还有一棵古香榧树被称为"千年榧树王"，树龄1500年以上，树高16.8米，胸围9.36

米，覆盖面积500多平方米。

这两棵古香榧树仍年年硕果累累。

经研究考证，会稽山古香榧是从野生榧树中经过人工选择和嫁接培育而成的优良品种，证明了早在1500年前绍兴先民已经掌握果树嫁接技术，是人民千百年来智慧沉淀的"活标本"。

会稽山古香榧群数量众多、资源集中、人工嫁接且保存了千年以上而现今仍能硕果累累，可以说在世界上也是罕见的。

香榧为稀有的远古植物种之一，自然更新困难，由于遭到了不同程度的砍伐，将会趋于枯竭。有关部门对残存的香榧及其生态环境已经进行了严加保护。并加大宣传力度，增强农民的保护意识。

有关部门还制定了长远规划，就地保护与迁地保护相结合，就地建立了自然保护区，对香榧的生态环境予以特别管护并采取适当的监

■ 小径旁的古香榧

香榧树

控措施。同时结合退耕还林，规划出栽培基地，使之成为引种、移植、繁殖、培育和栽植中心，变分散为集中。

积极进行品种选育，建立种质资源圃，充分利用野生资源明显的适地性和抗逆性优势，采用各种育种方法尽快选育出高产量、稳定性好、抗性强、适应本地气候的优良品种，并进行模拟自然生态环境条件的人工栽培，使之用于生产，服务于社会。

阅读链接

东晋时，一位员外想求书法家王羲之的书法，特意请他喝酒，王羲之一直没有灵感。

酒毕，王羲之踱到偏间，见一木匠正在做八仙桌，随口问道："此桌用何木而做？"

木匠答道："香榧木。"

王羲之一听便来了兴致，只见此木色泽黄润，质地上乘，一摸光滑润柔，果真是上品，于是情不自禁地拿起笔，饱蘸浓墨，欣然在八仙桌上写下两个大字"香榧"，苍劲有力。

王羲之走后，木匠正想刨去这两个字。这时员外走来，吩咐他不能刨，还要漆好，使它更光彩夺目。从此，员外就将八仙桌珍藏起来，有贵客来访，便自豪地抬出这张"香榧桌"，由此风光了不少。

苦口良药——云南黄连

相传有一天,我国清朝的光绪帝突然得了一种怪病,胸腹热胀、呕吐不止、汤水不进。文武大臣们个个心急如焚。

有位姓龚的御医黄连见情况紧急,想起了以前听他师父说过,大

■ 黄连根状药材

黄连的果实

山深处有种开绿色花的小草能治热病。于是，黄连便到云南的大山深处寻找他的师父。

他找到师父时，看到师父在这大山之中开了一个草药园。那里面种着数百种中草药，师父每天都精心地管理着这些草药。师父听黄连说完皇帝的病症后，便拨了一些绿花小草给黄连。

黄连回宫以后，就熬了一碗草汤给光绪帝喂下去。谁知皇帝的病情很快就明显减轻，服用几次后竟然痊愈了。

光绪帝听说是用这种黄绿色的小草治好了他的病，连声赞扬，因这种草药是御医黄连所寻的，就把这种草药取名为"黄连"。后来，民间广泛流传着"黄连医皇帝"的歌谣：

良药苦口数黄连，绿花御用医皇帝。
清热解毒除沉疴，苦尽甜来百年方。

云南黄连是毛茛科多年生草本植物，高15厘米至30厘米。根状茎弯曲成钩状，表面深黄色，皮质粗糙，多为单枝结节状，节间短，体细小、质硬易断。

节间密、节部密生多数须根，年份越高的植株，地上部分生物量越少，但根茎较粗大。

云南黄连的叶丛生，三出复叶，叶柄长5厘米至25厘米。叶片呈披针形或狭卵形，稍革质，长6厘米至16厘米，宽3.5厘米至6.3厘米。

中央小叶呈卵状菱形，羽状深裂，长5.5厘米至15厘米，宽2.2厘米至5.5厘米，先端渐尖至长渐尖。小叶柄，狭卵状椭圆形，裂片偏斜，先端急尖，边缘具刺状齿。侧生小叶无柄或有短柄，呈斜卵形，叶脉两面突出，仅脉上有微柔毛。

云南黄连有花葶，高10厘米至30厘米，聚伞花序有花三四朵，苞片呈椭圆形，羽状深裂。其花淡黄绿色，萼片呈椭圆形，长七八毫米。花瓣呈匙形，长5.4厘米至6毫米。

云南黄连雄蕊多数，花柱外弯。其果实是由8粒至15粒较原始的半开启类型的离生心皮发育而成的蓇葖果。蓇葖长7毫米至10毫米，近无毛；种子细小，多数，呈黑褐色。云南黄连通常春季开花，夏初果实成熟。

云南黄连的果实心皮的腹缝线上着生有两行相间排列的倒生胚

花开季节的黄连

■ 黄连花

宿根 指个体寿命超过两年，可持续生长，多次开花、结果，且地下根系或地下茎形态正常，不发生变态的一类多年生草本花卉。依其落叶性不同，宿根花卉又有常绿宿根花卉和落叶宿根花卉之分。

珠，12枚至16枚不等。一个果内含有4粒左右成熟种子，呈棕褐色，长椭圆球形并稍有弯曲，表面有纵向条状花纹。

云南黄连为多年生宿根草本，植株寿命长达10年以上。花序轴通常在每年1月至2月从根茎顶端总苞中抽出，20天至25天内长至离地面不超过10厘米高，在花序轴长高后的10天左右，幼花成熟，花期约15天。

云南黄连每个顶芽分化为一个花序或两片幼叶或两条黄色的营养繁殖体，而腋芽只长出觅养枝或幼叶。从顶芽和腋芽生出的觅养枝顶端又着生1个花序或一至两个营养芽，节部生须根并再长出新的觅养枝，由此沿地面枯枝落叶层或腐殖质层匍匐漫延。

觅养枝节间长1.15米至2.15米，从一个腋芽生出的觅养枝可在离母株根茎0.3米的范围内构成多分枝无性系。其中最长可分化为12个觅养枝，离母株最近的2个至4个节间木质化或半木质化为棕褐色根状物，着生须根的节部膨大成球形或椭圆球形，其上的腋芽又散生出新的觅养枝。

只在整个营养繁殖体系最末端的觅养枝顶端才萌生出土幼叶，自然条件下觅养枝极少与母株发生断裂。

云南黄连的地下根茎比较瘦小，觅养枝不甚发达，大都出土成"芦头"，在母株周围未形成致密的多分枝结构，有部分实生苗，居群内个体散布在林下，为群落中的伴生种。各居群间甚至居群内在叶的形状、颜色、斑纹、大小以及觅养枝发生和发展等方面也有较大的分化。

云南黄连包含花芽的混合芽于上一年7月底就已开始分化；种子5月上旬成熟，成熟后果实炸裂，种子散落于母株四周不超过0.4米，至

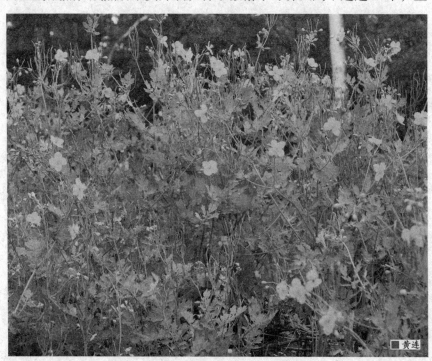

■黄连

花岗岩 一种岩浆在地表以下冷凝形成的火成岩，主要成分是长石和石英。因为花岗岩是深成岩，常能形成发育良好、肉眼可辨的矿物颗粒，因而得名。花岗岩不易风化，颜色美观，外观色泽可保持百年以上，由于其硬度高、耐磨损，除了用作高级建筑装饰工程、大厅地面外，还是露天雕刻的首选之材。

第二年2月份子叶才出土。

更多的幼苗则是由觅养枝发出，无论是实生苗还是无性系苗，第一年只有一片进行营养生长的新叶，第二年春季发出第二片叶，秋季叶基部根茎才开始膨大成球形或长椭圆球形，同时腋芽发出幼小的觅养枝。

至第三年，叶增至4片至6片，这时的营养生长才对根茎的膨大和整个植株生物量的增加起重要作用。

云南黄连分布于高山寒湿的林荫下，野生或有时栽培。分布区气候由于受西南季风的影响，干、湿季分明，冬春旱，夏秋多雨，年平均温约14摄氏度，最冷月平均温为7摄氏度。分布区年降水量1200毫米至1500毫米，约80%集中在雨季，相对湿度在77%以上。

云南黄连多生长在中山红锥、薄叶青冈、木壳稠为优势的常绿阔叶林，和与之相接的铁杉针叶、阔叶混交林下陡峭山坡阴湿环境中，又有在山间凹谷、缓坡生长的生态位选择趋势。

■ 刺黄连

这些森林在郁闭林冠下一般分为三四层，几乎没有直射阳光能够到达林下层，相对湿度达80%以上，地面为深厚的枯枝落叶层所覆盖，厚达4厘米至12厘米，各居群植株的根系基本都在枯枝落叶层内，极少与土壤接触。

云南黄连适宜生存的土壤黄壤或棕色森林土，富含腐殖质，偏酸性，由花岗岩、花岗片麻岩、片麻岩、砂页岩及粉砂质泥岩发育而成，土壤剖面发育好，枯枝落叶层较厚，分解良好，为沙壤至黏壤，粒状、核粒状结构，理化性能较好，自然肥力高。

云南黄连是滇西北高黎贡山地区最负盛名的药用植物之一。它始载于明朝兰茂的《滇南本草》，多为野生，质量好，但量也小，《清宫医案》将黄连列为极品。

■ 黄连中药材

真正野生的云南黄连居群已不多见，由于近些年来生态环境得到了有效保护，野生栽培的居群保持有相当的数量。黄连历史悠久的种植模式和存留的个体，是科学地进行保护和持续利用研究的重要线索和宝贵的种质资源。

云南黄连以小居群规模分布在狭小、呈片断化的特殊生境中，生态位极其狭窄，基本限于在温凉湿润的常绿阔叶林下陡坡生长。土壤和群落小气候因子对其自然分布起着至关重要的作用。

云南黄连由于长期过度采挖和生境不断遭到破坏，野生居群已处于灭绝的边缘，在我国被列为濒危保护植物。按世界自然保护联盟濒危物种红色名录的濒危等级和标准，应将本种列为濒危一级。

因为观察、估计或推测种群在过去的10年或3个世代内，致危因素没有停止，至少减产50%，虽未达

高黎贡山 高黎又叫高丽或高日，是景颇族一个家族名称的音译，"贡"景颇语是"山"的意思。"高黎贡"原义为"高黎家族的山"，后来汉族人民按自己的习惯在"高黎贡"后又加"山"，形成高黎贡山的名称。素有"世界自然博物馆""生命的避难所""东亚植物区系的摇篮""人类的双面书架"等美称。

怒江 又称潞江，发源于青藏高原的唐古拉山南麓的吉热拍格。因江水深黑，我国最早的地理著作《禹贡》把它称为"黑水河"，云南的怒族把它称作"阿怒日美"。"阿怒"是怒族人的自称，"日美"汉译为江，含义为怒族人居住区域的江。

到极危，但在可预见的不久的将来，其野生状态下灭绝的概率极大。

云南黄连药材名"云连"，为黄连中的上品，极为珍贵。为了保存其种质资源，免于绝灭，应加强保护。其产地福贡、碧江、贡山已被划为怒江自然保护区，保山、腾冲、泸水三县已被划为高黎贡山自然保护区，将本种列为保护对象并繁殖栽培。

阅读链接

相传，很久以前，村子里住着一个陶医生，和女儿幺女相依为命，有一名叫黄连的男工，替他栽花种草药。

有一天，陶幺女在山坡上发现了一种野草，便顺手拔起带回家种在园子里。

黄连十分喜欢陶幺女，每天帮她照顾这花草，使这些草长得很好。

第二年夏天，陶医生外出治病，10多天没回家。陶幺女生病了，不知道怎么办才好。

黄连便把院子里的草熬成汤药给陶幺女喝。为了担心这种草有毒，他先自己喝了，才放心地给陶幺女喝。

陶幺女喝下这野草汤后，病竟然好了。她对黄连说："这是一味好药，就是太苦了。"暗恋着陶幺女的黄连见恋人全然不知自己的心思，黯然神伤。

后来，黄连便带着苦恋死在陶家，临死前，陶幺女才知道了他的心思。为了纪念他，人们便把这种清热解毒、味道苦涩的中草药称为"黄连"。